河北省建筑垃圾再生利用政策与技术汇编

付士峰　张广田◎主编

中国建材工业出版社

北　京

图书在版编目（CIP）数据

河北省建筑垃圾再生利用政策与技术汇编/付士峰，张广田主编 . --北京：中国建材工业出版社，2024.8.
ISBN 978-7-5160-4229-8

Ⅰ.X799.1

中国国家版本馆 CIP 数据核字第 2024SM8278 号

河北省建筑垃圾再生利用政策与技术汇编
HEBEI SHENG JIANZHU LAJI ZAISHENG LIYONG ZHENGCE YU JISHU HUIBIAN
付士峰　张广田　主编

出版发行：中国建材工业出版社
地　　址：北京市西城区白纸坊东街 2 号院 6 号楼
邮　　编：100054
经　　销：全国各地新华书店
印　　刷：北京印刷集团有限责任公司
开　　本：710mm×1000mm　1/16
印　　张：7.5
字　　数：150 千字
版　　次：2024 年 8 月第 1 版
印　　次：2024 年 8 月第 1 次
定　　价：36.00 元

本社网址：www.jccbs.com，微信公众号：zgjcgycbs
请选用正版图书，采购、销售盗版图书属违法行为
版权专有，盗版必究。本社法律顾问：北京天驰君泰律师事务所，张杰律师
举报信箱：zhangjie@tiantailaw.com　　举报电话：(010)63567684
本书如有印装质量问题，由我社事业发展中心负责调换，联系电话：(010)63567692

本书编委会

主　编 付士峰　张广田
副主编 刘士龙　于海洋　张艳佳
主　审 郅　超

前言
PREFACE

随着城市化进程的加速，建筑业蓬勃发展，产生的建筑垃圾问题也日益显现。如何科学、有效地处理和利用建筑垃圾，实现资源的循环利用和环境的可持续发展，成为当前亟待解决的问题。河北省作为华北地区的重要省份，其建筑垃圾再生利用政策的制定与实施、技术的研发与应用，对推动整个华北乃至全国的建筑垃圾资源化利用具有重要意义。本书旨在系统梳理河北省在建筑垃圾再生利用领域的政策文件、技术标准和成功案例，为广大从事建筑垃圾资源化利用工作的研究者、从业者以及政策制定者提供一本全面、实用的参考书籍。

在内容方面，本书主要分为三大部分。第一部分是对河北省建筑垃圾再生利用政策的全面梳理。这部分内容介绍了河北省在建筑垃圾管理、再生利用方面的政策法规，包括建筑垃圾的产生、分类、收集、运输、处理以及再生利用等各个环节的政策要求。第二部分是梳理适用于房屋建筑、市政基础设施、交通基础设施等各类工程建设的建筑垃圾再生产品，包括铺地材料、水稳材料、再生混凝土（砂浆）、再生墙体材料以及其他资源化利用再生产品，目的在于加快河北省地区的建筑垃圾再生产品推广应用，提高建筑垃圾资源化利用水平。第三部分则是介绍河北省地区建筑垃圾再生利用典型案例情况。这部分内容梳理出一批拆除工程现场处置、工厂再生利用处置、协同处置等建筑垃圾再生处理、再生利用的技术路径，以及省内选用建筑垃圾再生产品的各类工程建设项目案例或试点示范，目的在于进一步推进建筑垃圾资源化利用工作，总结推广成熟、有效的再生利用模式。

本书的主要读者对象包括从事建筑垃圾资源化利用工作的研究人员、技术人员、管理人员以及政策制定者。通过阅读本书，读者可以深入了解河北省在建筑垃圾再生利用方面的政策体系和技术现状，从而为自己的工作提供有益的参考和借鉴。此外，本书注重实用性和前瞻性。在编写过程中，我们力求将理论与实践相结合，通过对具体案例的分析，展示建筑垃圾再生利用技术的实际应用效果和经济效益。同时，我们关注国内外建筑垃圾资源化利用的最新发展趋势和前沿技术，以期为读者提供更为广阔的视野和启发。相信本书的出版将对推动河北省乃至全国的建筑垃圾再生利用工作产生积极的影响。我们期待广大读者在阅读本书的过程中能够有所收获，为建筑垃圾的资源化利用和环境保护事业贡献力量。

编者
2024 年 1 月

目录

政策篇

法律法规 ·· 3
 一、法律 ··· 3
 二、地方性法规 ·· 7
 三、部委规章 ·· 19
 四、其他 ·· 24

产品目录篇

河北省建筑垃圾再生产品目录（第一批） ···················· 41
河北省建筑垃圾再生产品目录（第二批） ···················· 49

典型案例篇

河北省建筑垃圾再生利用典型案例（第一批） ············ 55
 一、再生产品利用典型工程——沧州市永济路
  （迎宾大道—鞠官屯泵站）提升改造工程——道路排水工程 ········ 55
 二、多种固废协同处置模式——迁安威盛全固废混凝土 ············ 61
 三、建筑固废综合利用典型——秦皇岛红正建材再生基地项目 ········ 65
 四、建筑垃圾处置和再生利用国企典范——张家口市建筑垃圾处置和
  综合利用工程 ··· 72
 五、建筑产业全生命周期循环生态系统
  ——邯郸宗楼建筑垃圾综合利用模式 ····················· 78
 六、地方典型的建筑垃圾资源化模式
  ——唐山润腾建筑垃圾利用技术 ···························· 81

河北省建筑垃圾再生利用典型案例（第二批） ······ 87
    一、建筑垃圾再生利用案例——衡水新伟建材有限公司 ······ 87
    二、建筑垃圾再生利用案例——河北强耐新型建材有限公司 ······ 93
    三、建筑垃圾再生利用案例——中基新能源建筑垃圾资源化
        处置再利用项目 ······ 99
    四、建筑垃圾再生利用案例——保定市绿生环境科技有限公司
        循环经济综合利用项目 ······ 104

政策篇

法律法规

一、法律

1.《中华人民共和国固体废物污染环境防治法》

（1）修订历程

《中华人民共和国固体废物污染环境防治法》（以下简称《固废法》）最早于1995年10月30日由第八届全国人大常委会第十六次会议审议通过，自1996年4月1日施行。《固废法》施行至今，历经五次修改，第一次是2004年12月29日修订，第二次是2013年6月29日修正，第三次是2015年4月24日修正，第四次是2016年11月7日修正，第五次是2020年4月29日修订。《固废法》是生态环境保护领域法律中修改次数最多的一部法律，凸显了该法在生态环境领域的重要地位。

（2）修订背景

党的十八大以来，以习近平同志为核心的党中央高度重视固体废物污染环境防治工作，习近平总书记多次就固体废物污染环境防治工作作出重要指示，亲自部署生活垃圾分类、禁止洋垃圾入境等工作。《中共中央 国务院关于全面加强生态环境保护 坚决打好污染防治攻坚战的意见》明确提出，加快修改固体废物污染防治方面的法律法规。固体废物污染环境防治是打好污染防治攻坚战的重要内容，事关人民群众生命安全和身体健康，新冠病毒感染疫情发生以来，以习近平同志为核心的党中央统筹推进疫情防控和经济社会发展工作，强调要坚定不移打好污染防治攻坚战，强化公共卫生法治保障。全国人大常委会高度重视《固废法》修改工作，2017年执法检查报告建议尽快启动《固废法》修订工作。常委会专门听取审议国务院关于研究处理固废法执法检查报告及审议意见情况的报告，在关于全面加强生态环境保护依法推动打好污染防治攻坚战的决议中明确提出加快《固废法》的修改工作。委员长栗战书强调，贯彻落实党中央关于生态文明建设的决策部署，推动打好污染防治攻坚战，是本届常委会的重大任务；要总结实践经验，抓紧研究修改《固废法》，健全污染防治长效机制。

此次全面修改《固废法》是贯彻落实习近平生态文明思想和党中央关于生态文明建设决策部署的重大任务，是依法推动打好污染防治攻坚战的迫切需要，是健全最严格、最严密生态环境保护法律制度和强化公共卫生法治保障的重要举措。

(3) 本次修订内容

此次修改《固废法》，坚持以人民为中心的发展思想，贯彻新发展理念，突出问题导向，总结实践经验，回应人民群众期待和实践需求，健全固体废物污染环境防治长效机制，用最严格制度、最严密法治保护生态环境。在建筑垃圾方面，主要作了以下修改：

一是明确固体废物污染环境防治坚持减量化、资源化和无害化的原则。

二是强化政府及其有关部门监督管理责任。明确目标责任制、信用记录、联防联控、全过程监控和信息化追溯等制度，明确国家逐步实现固体废物零进口。

三是完善建筑垃圾、农业固体废物等污染环境防治制度。建立建筑垃圾分类处理、全过程管理制度。

四是健全保障机制。增加保障措施一章，从用地、设施场所建设、经济技术政策和措施、从业人员培训和指导、产业专业化和规模化发展、污染防治技术进步、政府资金安排、环境污染责任保险、社会力量参与、税收优惠等方面全方位保障固体废物污染环境防治工作。

五是严格法律责任。对违法行为实行严惩重罚，提高罚款额度，增加处罚种类，强化处罚到人，同时补充规定一些违法行为的法律责任。比如有未经批准擅自转移危险废物等违法行为的，对法定代表人、主要负责人、直接负责的主管人员和其他责任人员依法给予罚款、行政拘留处罚。

(4) 建筑垃圾针对性规定

建筑垃圾产生量大、消纳任务重，《固废法》加大推进建筑垃圾污染环境防治工作的力度，增加以下规定：

一是要求县级以上地方人民政府加强建筑垃圾污染环境的防治，建立分类处理制度。制定包括源头减量、分类处理、消纳设施和场所布局及建设等在内的建筑垃圾污染环境防治工作规划。

二是明确国家鼓励采用先进技术、工艺、设备和管理措施，推进建筑垃圾源头减量，建立建筑垃圾回收利用体系。要求县级以上人民政府推动建筑垃圾综合利用产品应用。

三是规定县级以上人民政府环境卫生主管部门负责建筑垃圾污染环境防治工作，建立建筑垃圾全过程管理制度，规范相关行为，推进综合利用，加强建筑垃圾处置设施、场所建设，保障处置安全，防止污染环境。

四是要求工程施工单位编制建筑垃圾处理方案并上报备案。及时清运工程施工过程中产生的建筑垃圾等固体废物，并按照环境卫生主管部门的规定进行利用或者处置。工程施工单位不得擅自倾倒、抛撒或者堆放工程施工过程中产生的建筑垃圾。

五是规定建筑垃圾转运、集中处置等设施建设用地保障和擅自倾倒、抛撒建筑垃圾的处罚等内容。

2.《中华人民共和国大气污染防治法》

现行《中华人民共和国大气污染防治法》自 2016 年 1 月 1 日起实施,由第十三届全国人民代表大会常务委员会第六次会议于 2018 年 10 月 26 日进行修正,共 8 章 129 条。

《中华人民共和国大气污染防治法》强化责任和监督管理:一是明确政府责任。地方各级人民政府应当对本行政区域的大气环境质量负责。二是确定限期达标规划制度。空气质量未达标城市的人民政府应当及时编制大气环境质量限期达标计划。三是建立惩戒机制。对污染物排放超总量或者未完成大气环境质量改善目标的地区,应约谈政府主要负责人,并实施区域限批。

条文中与建筑垃圾直接相关的内容包括:

第四章 大气污染防治措施

第四节 扬尘污染防治

第六十八条 地方各级人民政府应当加强对建设施工和运输的管理,保持道路清洁,控制料堆和渣土堆放,扩大绿地、水面、湿地和地面铺装面积,防治扬尘污染。

住房城乡建设、市容环境卫生、交通运输、国土资源等有关部门,应当根据本级人民政府确定的职责,做好扬尘污染防治工作。

第六十九条 建设单位应当将防治扬尘污染的费用列入工程造价,并在施工承包合同中明确施工单位扬尘污染防治责任。施工单位应当制定具体的施工扬尘污染防治实施方案。

从事房屋建筑、市政基础设施建设、河道整治以及建筑物拆除等施工单位,应当向负责监督管理扬尘污染防治的主管部门备案。

施工单位应当在施工工地设置硬质围挡,并采取覆盖、分段作业、择时施工、洒水抑尘、冲洗地面和车辆等有效防尘降尘措施。建筑土方、工程渣土、建筑垃圾应当及时清运;在场地内堆存的,应当采用密闭式防尘网遮盖。工程渣土、建筑垃圾应当进行资源化处理。

施工单位应当在施工工地公示扬尘污染防治措施、负责人、扬尘监督管理主管部门等信息。

暂时不能开工的建设用地,建设单位应当对裸露地面进行覆盖;超过三个月的,应当进行绿化、铺装或者遮盖。

第七十条 运输煤炭、垃圾、渣土、砂石、土方、灰浆等散装、流体物料的车辆应当采取密闭或者其他措施防止物料遗撒造成扬尘污染,并按照规定路线行驶。

装卸物料应当采取密闭或者喷淋等方式防治扬尘污染。

城市人民政府应当加强道路、广场、停车场和其他公共场所的清扫保洁管理，推行清洁动力机械化清扫等低尘作业方式，防治扬尘污染。

第七章　法律责任

第一百一十五条　违反本法规定，施工单位有下列行为之一的，由县级以上人民政府住房城乡建设等主管部门按照职责责令改正，处一万元以上十万元以下的罚款。拒不改正的，责令停工整治：

（一）施工工地未设置硬质围挡，或者未采取覆盖、分段作业、择时施工、洒水抑尘、冲洗地面和车辆等有效防尘降尘措施的；

（二）建筑土方、工程渣土、建筑垃圾未及时清运，或者未采用密闭式防尘网遮盖的。

违反本法规定，建设单位未对暂时不能开工的建设用地的裸露地面进行覆盖，或者未对超过三个月不能开工的建设用地的裸露地面进行绿化、铺装或者遮盖的，由县级以上人民政府住房城乡建设等主管部门依照前款规定予以处罚。

第一百一十六条　违反本法规定，运输煤炭、垃圾、渣土、砂石、土方、灰浆等散装、流体物料的车辆，未采取密闭或者其他措施防止物料遗撒的，由县级以上地方人民政府确定的监督管理部门责令改正，处二千元以上二万元以下的罚款；拒不改正的，车辆不得上道路行驶。

第一百一十七条　违反本法规定，有下列行为之一的，由县级以上人民政府生态环境等主管部门按照职责责令改正，处一万元以上十万元以下的罚款。拒不改正的，责令停工整治或者停业整治：

（一）未密闭煤炭、煤矸石、煤渣、煤灰、水泥、石灰、石膏、砂土等易产生扬尘的物料的；

（二）对不能密闭的易产生扬尘的物料，未设置不低于堆放物高度的严密围挡，或者未采取有效覆盖措施防治扬尘污染的；

（三）装卸物料未采取密闭或者喷淋等方式控制扬尘排放的；

（四）存放煤炭、煤矸石、煤渣、煤灰等物料，未采取防燃措施的；

（五）码头、矿山、填埋场和消纳场未采取有效措施防治扬尘污染的；

（六）排放有毒有害大气污染物名录中所列有毒有害大气污染物的企业事业单位，未按照规定建设环境风险预警体系或者对排放口和周边环境进行定期监测、排查环境安全隐患并采取有效措施防范环境风险的；

（七）向大气排放持久性有机污染物的企业事业单位和其他生产经营者以及废弃物焚烧设施的运营单位，未按照国家有关规定采取有利于减少持久性有机污染物排放的技术方法和工艺，配备净化装置的；

（八）未采取措施防止排放恶臭气体的。

二、地方性法规

1.《河北省大气污染防治条例》

现行《河北省大气污染条例》自2016年1月13日起实施，由河北省第十三届人民代表大会常务委员会第二十五次会议于2021年9月29日进行修正，共8章93条。

条文中与建筑垃圾直接相关的内容包括：

第三节　扬尘污染防治

第三十七条　从事各类工程建设等施工活动以及物料运输、堆放和其他产生扬尘污染物的建设单位和施工单位，应当向所在地人民政府负责监督管理扬尘污染防治的主管部门备案，并采取措施防止产生扬尘污染。

第三十八条　建设单位应当将施工扬尘污染防治费用纳入工程预算，并在施工合同中明确施工单位扬尘污染防治责任，施工单位应当制定具体施工扬尘污染防治方案并负责实施。

建设单位和施工单位应当遵守下列规定：

（一）开工前，在施工现场周边设置围挡并进行维护；暂未开工的建设用地，对裸露地面进行覆盖；超过三个月未开工的，应当采取临时绿化等防尘措施。

（二）在施工现场出入口公示施工现场负责人、环保监督员、扬尘污染控制措施、举报电话等信息。

（三）在施工现场出口处设置车辆冲洗设施并配套设置排水、泥浆沉淀设施，施工车辆不得带泥上路行驶，施工现场道路以及出口周边的道路不得存留建筑垃圾和泥土。

（四）施工现场出入口、主要道路、加工区等采取硬化处理措施。

（五）在施工工地内堆放水泥、灰土、砂石等易产生扬尘污染的物料，以及工地堆存的建筑垃圾、工程渣土、建筑土方应当采取遮盖、密闭或者其他抑尘措施。

（六）装卸和运输渣土、砂石、建筑垃圾等易产生扬尘污染物料的，应当采取完全密闭措施。

（七）出现重污染天气状况时，施工单位应当停止土石方作业、拆除工程以及其他可能产生扬尘污染的施工建设行为。

第四十条　企业料堆场应当按照有关规定进行封闭，不能封闭的应当安装防尘设施或者采取其他抑尘措施。装卸易产生扬尘的物料时，应当采取密闭或者喷淋等抑尘措施。

垃圾填埋场、建筑垃圾以及渣土消纳场，应当按照相关标准和要求采取抑尘措施。

第四十一条 城镇道路应当使用低尘机械化湿式清扫作业方式，进行降尘或者冲洗；采用人工方式清扫的，应当符合作业规范，减少扬尘。

运输渣土、砂石、建筑垃圾等易产生扬尘污染物料的车辆应当密闭，物料不得沿途散落或者飞扬，并按照规定路线行驶。

第七章 法律责任

第八十五条 违反本条例规定，运输渣土、砂石、建筑垃圾等易产生扬尘污染物料车辆，未采取密闭或者其他措施防止物料遗撒的，由县级以上地方人民政府确定的监督管理部门责令改正，处二千元以上五千元以下罚款；情节严重的，处五千元以上二万元以下罚款；拒不改正的，不得上道路行驶。

2.《河北省人民代表大会常务委员会关于加强扬尘污染防治的决定》

2018年10月19日河北省第十三届人民代表大会常务委员会第六次会议通过，2018年11月1日起实施。本决定适用于河北省行政区域内的扬尘污染防治。本决定条文中，与建筑垃圾直接相关的内容包括：

第十一条 城市规划区内的建设工程施工应当符合下列扬尘污染防治要求：

（四）在施工工地内堆放水泥、灰土、砂石等易产生扬尘污染的物料，以及堆存建筑垃圾、渣土、建筑土方等应当采取遮盖、密闭等防尘措施；

（七）其他扬尘污染防治措施。

高空作业施工应当设置立体防尘网，在建筑物上运送易产生扬尘污染的物料或建筑垃圾时，应当采取密闭方式运送，禁止高空抛掷、扬撒。

第十二条 建筑垃圾等应当及时清运，不得高空抛掷、扬撒；不能及时清运的，应当采用遮盖等防尘措施。

县级以上人民政府应当科学规划、建设专用的建筑垃圾处置消纳场所，规范处置行为，防治扬尘污染，推进资源综合利用。

第十三条 运输煤炭、垃圾、渣土、砂石、土方、灰浆等易产生扬尘污染物料的车辆，应当采取完全密闭措施，保持车体整洁，防止物料散落滴漏，并按照规定路线行驶。

第二十八条 违反本决定规定，运输煤炭、垃圾、渣土、砂石、土方、灰浆等易产生扬尘污染物料的车辆未依法采取完全密闭措施防止物料散落滴漏的，由监督管理部门责令改正，处二千元以上五千元以下罚款；情节严重的，处五千元以上二万元以下罚款；拒不改正的，不得上道路行驶。

第三十一条 违反本决定规定，有下列情形之一的，受到罚款处罚的，被责令改正，拒不改正的，可以自责令改正之日的次日起，按照原处罚数额按日连续处罚：

（一）建设施工未依法采取扬尘污染防治措施的；

（二）矿产资源开采、加工未依法采取扬尘污染防治措施的；

（三）物料堆放未依法采取扬尘污染防治措施的。

3.《河北省扬尘污染防治办法》

为有效防治扬尘污染，持续改善大气环境质量，省政府公布《河北省扬尘污染防治办法》（河北省人民政府令〔2020〕第1号），自2020年4月1日起施行。

（1）出台背景

扬尘污染防治是大气污染综合治理的重要内容，是持续改善大气环境质量，保护公众身体健康，推进生态文明建设的重要举措。党中央、国务院高度重视大气污染防治，将"蓝天保卫战"作为污染防治攻坚战的重中之重予以推进。《中华人民共和国大气污染防治法》设立扬尘污染防治专门章节，2018年6月27日国务院印发《国务院关于印发打赢蓝天保卫战三年行动计划的通知》（国发〔2018〕22号），对加强扬尘综合治理提出明确要求。随着河北省大气污染防治工作的不断深化，扬尘污染问题日益凸显，扬尘源成为全省PM10的首要排放源，占总排放量的57.4%，扬尘污染已成为影响河北省大气环境持续改善的重要不利因素。省委、省政府坚决落实党中央决策部署和习近平总书记重要指示，下大力推进大气污染综合治理和扬尘污染防治工作。省委书记王东峰强调，"要下功夫全面治理扬尘污染问题，坚决把扬尘污染降到最低程度"。2018年8月省政府印发《河北省打赢蓝天保卫战三年行动方案》，将扬尘污染防治作为蓝天保卫战的重点工作强力推进。着眼依法治尘，河北省先后出台《河北省大气污染防治条例》《河北省人民代表大会常务委员会关于加强扬尘污染防治的决定》，但是这些法律法规对扬尘污染防治的规定较为原则、概括。为确保扬尘污染防治各项措施落地落实落细，省政府将《河北省扬尘污染防治办法》列入2019年立法计划，经2020年1月21日省政府第77次常务会议通过，2月7日公布，自2020年4月1日起施行。

（2）主要内容

《河北省扬尘污染防治办法》共5章46条。

第一章总则，共9条。主要明确了立法目的与依据，确定了适用范围和防治原则，规定了各级政府、部门、企业事业单位和其他生产经营者的扬尘污染防治责任义务，以及加强宣传教育、推动社会监督等内容。

第二章防治措施，共16条。主要规定了建设工程扬尘污染物达标排放，对城市规划区内的建设工程、房屋建筑工程、建构筑物拆除、市政工程与城市道路施工规定周边围挡、车辆冲洗、建筑材料密闭或遮盖、视频监控设备和扬尘污染物在线监测设备安装联网并正常运行等防尘要求；对园林绿化作业规定弃土清运、树穴遮盖等防尘要求；对公路、水利工程施工规定道路硬化、施工材料洒水遮盖等防尘要求；对物料堆场、工业企业物料堆场、码头等规定堆场围挡、场地硬化、车辆冲洗、装卸作业洒水防尘等防尘要求；对矿产资源开采、加工规定道路硬化洒水、排岩湿法作业、及时恢复植被、视频监控设备和扬尘污染物在线监测设备安装联网并正常运行等防尘要求；对城镇裸露地面防尘、城市道路和城市周边重要干线公路路段保洁、运输易产生扬尘物料车辆等作出防尘要求。对使用防尘网遮盖规定网目密度和防风加固要求，遮盖块状物料的防尘网，网目密度不得少于800目/100平方厘米；遮盖粒状、粉状物料和裸露地面等的防尘网，网目密度不得少于2000目/100平方厘米。

第三章监督管理，共12条。主要在环境扬尘监测及信息发布、重污染天气应急响应、绩效分级和应急减排差异化管控、重点扬尘污染源确定和重点监管、监督检查、社会监督、守信激励与失信惩戒、绿色信贷、约谈、督办、考评奖惩等方面作出制度性规定。

第四章法律责任，共7条。对违反本办法规定的各种情形进行法律责任规定。主要包括各级政府和部门未履行职责，建设单位未履行建设工程扬尘污染防治主体责任、扬尘污染物超标排放，建设施工、物料堆放、码头作业、矿产资源开采和加工未依法采取有效措施，运输物料未依法采取有效措施，施工单位拒不采取扬尘污染防治应急措施等情形。规定重点扬尘污染源法律责任，规定按日连续处罚情形。

第五章附则，共2条。对扬尘污染进行定义，对施行日期进行规定。

（3）针对建筑垃圾的条文内容

第十一条 城市规划区内的建设工程施工，应当符合下列防尘要求：

（七）建筑垃圾应当及时清运，在场地内堆存的，应当集中堆放并采取密闭或者遮盖等防尘措施。

第十三条 城市规划区内的建（构）筑物拆除施工，除符合本办法第十一条有关规定外，还应当采取洒水、喷淋、喷雾等防尘措施，及时清理废弃物。采取爆破方式拆除的，爆破前应当采取内外洒水、喷淋等方式淋湿建（构）筑物，爆破后应当立即采取防尘措施。

建（构）筑物拆除工程完成后，应当对裸露场地进行覆盖，裸置时间超过三个月的，应当采取绿化、铺装等防尘措施。

未完全拆除的建（构）筑物或者停工期超过一个月的，应当清除现场建筑垃圾，并采取围挡、遮盖等防尘措施。

第二十四条 运输煤炭、垃圾、渣土、砂石、土方、灰浆等易产生扬尘污染

物料的车辆,应当符合下列防尘要求:

(一)依法安装、使用符合国家标准的卫星定位系统、行驶记录仪,并保持号牌清晰;

(二)建筑垃圾、工程渣土运输车辆应当持有城市管理等主管部门核发的核准文件;

(三)通行限行区域或者路段时,应当随车携带公安机关交通管理部门核发的通行证件,并按规定的时间、区域、路线、车速通行;

(四)装载物不得超过车厢挡板高度,并采取完全密闭措施,防止物料遗撒、滴漏或者扬散;

(五)车辆除泥、冲洗干净后方可驶出作业场所,并保持车体整洁;

(六)法律、法规、规章规定的其他扬尘污染防治措施。

途经、停靠我省的货运列车,应当采取有效防尘措施,防止物料遗撒、扬散。

第四章 法律责任

第三十八条 各级人民政府、生态环境主管部门及其他负有扬尘污染防治监督管理职责的部门未依照本办法规定履行职责的,由有关机关责令改正,对直接负责的主管人员和其他直接责任人员依法给予处分;构成犯罪的,依法追究刑事责任。

第三十九条 违反本办法规定,建设单位未履行建设工程扬尘污染防治主体责任,扬尘污染物排放不达标的,由监督管理部门责令改正,处一万元以上三万元以下罚款;情节较重的,处三万元以上十万元以下罚款;拒不改正的,责令其停工整治。

第四十条 违反本办法规定,建设施工、物料堆放、码头作业、矿产资源开采和加工未依法采取有效措施防治扬尘污染的,由监督管理部门责令改正,处一万元以上三万元以下罚款;情节较重的,处三万元以上十万元以下罚款;拒不改正的,责令其停工停产整治。

第四十一条 违反本办法规定,运输煤炭、垃圾、渣土、砂石、土方、灰浆等易产生扬尘污染物料未依法采取有效措施防治扬尘污染的,由监督管理部门责令改正,处二千元以上五千元以下罚款;情节严重的,处五千元以上二万元以下罚款;拒不改正的,车辆不得上道路行驶。

第四十二条 违反本办法规定,施工单位拒不采取扬尘污染防治应急措施,停止拆除、爆破、土石方等作业的,由监督管理部门责令立即改正,并处一万元以上十万元以下罚款。

第四十三条 违反本办法规定,被确定为重点扬尘污染源的企业事业单位和其他生产经营者有下列行为之一的,由监督管理部门责令限期改正,处二万元以上五万元以下罚款；情节较重的，处五万元以上十万元以下罚款；情节严重的，处十万元以上二十万元以下罚款；拒不改正的，责令停工停产整治。

（一）未按照规定安装、使用扬尘污染物在线监测设备或者未按照规定与生态环境主管部门的监控设备联网，并保证监测设备正常运行的。

（二）破坏、损毁或者擅自拆除、闲置扬尘污染物在线监测设备的。

（三）未依法公开监测数据或者篡改、伪造监测数据的。

第四十四条 违反本办法规定，有下列情形之一，受到罚款处罚的，被责令改正，拒不改正的，可以自责令改正之日的次日起，按照原处罚数额按日连续处罚：

（一）建设施工未依法采取扬尘污染防治措施的；

（二）物料堆放未依法采取扬尘污染防治措施的；

（三）矿产资源开采、加工未依法采取扬尘污染防治措施的；

（四）超过扬尘污染物排放标准的。

4.《邯郸市建筑垃圾处置条例》

2011年12月26日邯郸市第十三届人民代表大会常务委员会第二十八次会议通过，2012年5月22日河北省第十一届人民代表大会常务委员会第三十次会议批准，2017年10月30日邯郸市第十五届人民代表大会常务委员会第五次会议修正，2018年3月29日河北省第十三届人民代表大会常务委员会第二次会议批准。

第一条 为加强建筑垃圾的管理，提高建筑垃圾处置水平，维护城市市容和环境卫生，保护生态环境，根据《中华人民共和国固体废物污染环境防治法》、《城市市容和环境卫生管理条例》等有关法律、法规的规定，结合本市实际，制定本条例。

第二条 在城市规划区内进行建筑垃圾的堆放、倾倒、运输、中转、回填、消纳、受纳、回收、利用等处置活动，必须遵守本条例。

第三条 本条例所称建筑垃圾是指建设、施工单位新建、改建、扩建和拆除各类建筑物、构筑物、道路、工程管线等土地开挖、道路开挖、建筑物拆除、建筑施工以及居民装饰装修房屋过程中所产生的渣、土、弃料、泥土（浆）及其他废弃物。

第四条 建筑垃圾的处置应当遵循减量化、无害化、资源化、产业化和谁产生、谁承担处置责任的原则。

第五条 市、县（市）、峰峰矿区、永年区、肥乡区人民政府应当将建筑垃圾处置工作纳入循环经济发展中长期规划，促进建筑垃圾的综合、循环利用和无害化处置。

第六条 市人民政府城市管理行政主管部门是本市建筑垃圾处置管理的主管

部门，负责办理主城区内建筑垃圾处置核准，并对全市建筑垃圾处置管理进行组织协调和监督检查，依法查处违法处置建筑垃圾的行为。

县（市）、峰峰矿区、永年区、肥乡区人民政府城市管理行政主管部门负责本行政区域建筑垃圾的监督管理工作。

公安、交通运输、建设、环境保护等有关行政主管部门按照规定的职责，协助做好建筑垃圾处置的监督管理工作。

第七条 市人民政府相关职能部门应当对建筑垃圾回收利用企业的技术进步、节能改造项目，通过多种方式给予政策支持或资金补贴。

第八条 市建设行政主管部门应当积极推广建筑垃圾回收利用产品，并依据建筑垃圾产生量对建筑垃圾回收利用产品的使用比例作出规定。

建筑工程设计单位按照市建设行政主管部门规定的建筑垃圾回收利用产品的使用比例设计施工方案。

施工单位应当严格依照施工方案中建筑垃圾回收利用产品使用比例的要求进行施工。

不能进行回收利用的建筑垃圾应当运至建筑垃圾指定消纳场进行处理。

第九条 建设、施工单位应当采用符合国家建材标准或行业标准的建筑垃圾回收利用产品。依据有关政策规定，按比例返退新型墙体材料专项基金。

第十条 道路工程的建设、施工单位应当优先选用建筑废弃物作为路基垫层。

第十一条 建设工程在竣工验收时应当对建筑垃圾回收利用产品的使用比例情况进行公示。

第十二条 产生建筑垃圾的单位，应当在工程项目开工之前，向城市管理行政主管部门书面提出处置核准申请。

任何单位和个人不得擅自处置建筑垃圾。

第十三条 城市管理行政主管部门在接到办理建筑垃圾处置核准申请后五个工作日内核实建筑垃圾数量、种类，作出是否核准的决定。予以核准的，核发建筑垃圾处置核准文件；不予核准的，应当书面告知申请人，并说明理由。

建设、施工单位应当在排放建筑垃圾五个工作日前，携带相关资料到城市管理行政主管部门办理建筑垃圾排放清运手续。

第十四条 产生建筑垃圾的单位应当对工程施工过程中的建筑垃圾及时处置，防止污染环境。

第十五条 绿化工程、市政工程、建设工程、低洼地及其他工程需要调剂使用建筑垃圾的，由受纳单位持土地权属证明等有效文件，向城市管理行政主管部门提出书面申请，由城市管理行政主管部门统一安排使用建筑垃圾。

第十六条 单位和临街门店装饰装修产生的建筑垃圾，应当采取措施防止污染，并及时向城市管理行政主管部门提出处置申请，由城市管理行政主管部门组织专业队伍运至建筑垃圾处置场统一处置。

零星装修或维修房屋等产生的建筑垃圾,应当堆放到物业服务企业或街道办事处指定的建筑垃圾临时堆放点,并及时向城市管理行政主管部门提出处置申请。

城市管理行政主管部门应当在社区或建筑垃圾临时堆放点等公示便民服务措施。

第十七条 从事建筑垃圾运输活动的单位,应当具备下列条件:

(一)有工商营业执照;

(二)有固定的办公场所;

(三)有一台以上专用装载或挖掘机械和十五台以上自卸车辆或合计核定载重量在二百吨以上的清运设备;

(四)运输车辆具有全密闭运输装置,安装行驶记录仪,装载部分完整无缺,挡板严密,无破损,后马槽设有锁定装置,外形完好整洁,并在显著位置喷有统一制式的运输单位名称及自编号;

(五)具有熟悉市容和环境卫生等有关法规、规章的管理人员和建筑垃圾清运的规章制度;

(六)法规、规章规定的其他条件。

具备以上条件的单位,经市人民政府城市管理行政主管部门审核批准后,方可从事建筑垃圾运输。

第十八条 运输建筑垃圾的车辆必须按照清运手续规定的时间、地点、路线运输和倾倒建筑垃圾。

建筑垃圾处置核准文件不准超期使用,不准租借、转让、涂改或者伪造。

运输单位不得承运未经城市管理行政主管部门核准处置的建筑垃圾。

建设、施工单位不得将建筑垃圾交给个人或者未经审核批准的单位运输。

第十九条 所有进出建设施工工地的车辆不得污染城市道路。

第二十条 建筑垃圾处置场由城市管理行政主管部门会同有关部门统一设置,任何单位和个人不得擅自设置处置场受纳建筑垃圾。

任何单位和个人不得随意倾倒、抛撒、堆放建筑垃圾,不得将危险废物、生活垃圾混入建筑垃圾。

第二十一条 建筑垃圾的处置实行收费制度。

第二十二条 建设单位未按照施工设计方案使用符合国家建材标准或行业标准的建筑垃圾回收利用产品的,由城市管理行政主管部门责令改正;拒不改正的,按照未使用建筑垃圾回收利用产品的体积每立方米处一百元罚款。

第二十三条 未经核准擅自处置建筑垃圾的,由城市管理行政主管部门责令限期改正,处一万元以上十万元以下罚款。

第二十四条 产生建筑垃圾的单位未及时处置施工过程中的建筑垃圾的,由城市管理行政主管部门责令限期改正；拒不改正的，处五千元以上五万元以下罚款。

第二十五条　所有进出建设施工工地的车辆给城市道路造成污染的，由城市管理行政主管部门责令建设单位清除，按污染面积每平方米处十元以上五十元以下罚款。

拒不清除的，由城市管理行政主管部门代为清除，所需费用由违法行为人承担，拒不支付费用的，可以申请人民法院强制执行。

第二十六条　运输建筑垃圾的单位在运输建筑垃圾过程中，沿途丢弃、遗撒建筑垃圾的，车辆密闭不严的，带泥行驶造成道路污染的，由城市管理行政主管部门责令立即采取补救措施，处五千元以上五万元以下罚款，一至六个月不得运输建筑垃圾。

第二十七条　未按照规定的时间、路线、地点运输建筑垃圾的，由城市管理行政主管部门责令限期改正，处五百元以上五千元以下罚款。

第二十八条　单位和个人随意倾倒、抛撒或者堆放建筑垃圾的，由城市管理行政主管部门责令限期改正，不足一吨处五十元以上二百元以下罚款；超过一吨处每吨一百元以上五百元以下罚款。

第二十九条　任何单位和个人有下列情形之一的，由城市管理行政主管部门责令限期改正，给予警告，处以罚款：

（一）将建筑垃圾混入生活垃圾的；

（二）将危险废物混入建筑垃圾的；

（三）擅自设置处置场受纳建筑垃圾的。

单位有前款第一项、第二项行为之一的，处三千元以下罚款；有前款第三项行为的，处五千元以上一万元以下罚款。个人有前款第一项、第二项行为之一的，处二百元以下罚款；有前款第三项行为的，处三千元以下罚款。

第三十条　租借、转让、涂改、伪造或者超期使用建筑垃圾处置核准文件的，由城市管理行政主管部门责令限期改正，处五千元以上二万元以下罚款。

第三十一条　城市管理行政主管部门工作人员有下列行为之一的，依法给予行政处分；构成犯罪的，依法追究刑事责任。

（一）未按规定核发建筑垃圾处置核准文件的。

（二）对符合条件的申请人不予核发建筑垃圾处置核准文件或者不在法定期限内核发建筑垃圾处置核准文件。

（三）对违反本条例的行为不依法及时处理的。

（四）玩忽职守、滥用职权、徇私舞弊的。

第三十二条　本条例自2012年8月1日起施行。

5.《沧州市城市建筑垃圾管理条例》

2020年6月15日沧州市第十四届人民代表大会常务委员会第二十九次会议通过，2020年9月24日河北省第十三届人民代表大会常务委员会第十九次会议通过。

第一条　为了加强建筑垃圾管理，维护城市市容环境，保护和改善生态环境，根据《中华人民共和国固体废物污染环境防治法》《河北省城市市容和环境卫生条例》等有关法律、法规，结合本市实际，制定本条例。

第二条　本市实行城市化管理区域内建筑垃圾的产生、收集、运输、消纳、利用以及监督管理等活动，适用本条例。

实行城市化管理区域的范围，由市、县级人民政府划定并公布。

本条例所称建筑垃圾是指建设单位、施工单位新建、改建、扩建和拆除各类建筑物、构筑物、管网等，以及居民装饰装修房屋过程中产生的弃土、弃料和其他固体废物。

第三条　建筑垃圾处置应当遵循减量化、资源化、无害化和谁产生、谁承担处置责任的原则。

鼓励发展新型建造方式，推广绿色建筑、装配式建筑以及商品房全装修，支持使用可再生、可循环利用的绿色建材和施工周转工具，减少建筑垃圾的产生。

第四条　市、县级人民政府应当将建筑垃圾管理和资源化利用纳入国民经济和社会发展总体规划以及国土空间规划，制定建筑垃圾源头减量措施和综合利用扶持政策，统筹协调建筑垃圾管理工作中的重大事项。

第五条　城市管理行政主管部门负责建筑垃圾处置的监督管理工作，相关部门按照各自职责和本条例规定共同做好建筑垃圾管理工作。

第六条　本市实行建筑垃圾分类处理制度。市人民政府应当制定建筑垃圾分类规范，并向社会公布。

第七条　任何单位和个人不得随意倾倒、抛撒或者堆放建筑垃圾。

第八条　产生建筑垃圾的建设单位、施工单位或者建筑垃圾运输单位应当向行政审批主管部门提出城市建筑垃圾处置申请，获得核准后方可处置。

第九条　建设单位可以书面约定施工单位为施工现场建筑垃圾处置责任单位，并约定施工单位在施工现场对建筑垃圾管理的具体要求和相关措施；未明确约定施工单位责任的，建设单位为施工现场建筑垃圾处置责任单位。

施工现场建筑垃圾处置责任单位不得将建筑垃圾交给个人或者未经核准从事建筑垃圾运输的单位运输。

第十条　施工现场建筑垃圾处置责任单位应当遵守下列规定：

（一）对施工现场产生的建筑垃圾进行分类，不得混入工业垃圾、生活垃圾和其他有毒有害垃圾；

（二）建筑垃圾及时清运，对暂时不能清运的采取覆盖、临时绿化等防尘措施；

（三）设置符合要求的车辆冲洗保洁设施，配置专职保洁员，进出施工现场的车辆经冲洗保洁设施处置干净后，方可驶离；

（四）配备与监管部门联网的视频监控设施；

（五）法律、法规规定的其他要求。

第十一条 居民家庭装饰装修垃圾应当袋装收集，并分类投放到物业服务企业、街道办事处或者镇人民政府指定的建筑垃圾临时堆放点。

城市管理行政主管部门负责统一处置居民家庭装饰装修垃圾，并在建筑垃圾临时堆放点公示便民服务措施。

第十二条 建筑垃圾运输单位应当遵守下列规定：

（一）不得超出核准范围承运建筑垃圾；

（二）不得将承运的建筑垃圾转包或者分包；

（三）运输车辆驶出施工现场前自觉接受冲洗，车轮不得带泥行驶；

（四）密闭运输，不得沿途丢弃、遗撒建筑垃圾；

（五）随车携带建筑垃圾处置核准文件，自觉接受监督检查；

（六）按照规定的时间、路线和地点运输；

（七）规范使用运输车辆行驶记录、卫星定位等电子装置，驾驶人员安全文明行驶；

（八）法律、法规规定的其他要求。

第十三条 城市管理行政主管部门应当会同自然资源和规划、生态环境等部门，根据城市建设和管理需要编制建筑垃圾消纳处置场所设置规划，报同级人民政府批准。

市、县级人民政府应当根据建筑垃圾消纳处置场所设置规划，组织建设建筑垃圾消纳处置场所。

第十四条 任何单位和个人不得在下列区域设置建筑垃圾消纳处置场所：

（一）自然保护区、风景名胜区；

（二）基本农田和生态公益林地；

（三）河流、湖泊、水库、渠道等保护范围；

（四）地下水集中供水水源地及补给区；

（五）泄洪道及其周边区域；

（六）法律、法规规定的其他区域。

第十五条 建筑垃圾消纳处置场所运营单位应当遵守下列规定：

（一）按照规定处置或者利用建筑垃圾，不得消纳工业垃圾、生活垃圾和其他有毒有害垃圾；

（二）保持建筑垃圾消纳处置场所相关设备、设施完好，周边环境整洁；

（三）离开建筑垃圾消纳处置场所的车辆应当经冲洗保洁设施处置干净后方可驶离；

（四）法律、法规规定的其他要求。

第十六条 建筑垃圾消纳处置场所在运营期间不得擅自关闭或者拒绝消纳处置建筑垃圾。

建筑垃圾消纳处置场所达到原设计容量或者因其他原因无法继续消纳处置建筑垃圾的，建筑垃圾消纳处置场所运营单位应当提前告知城市管理行政主管部门，由城市管理行政主管部门向社会公布。

第十七条 鼓励通过特许经营、投资补助、政府购买服务等多种方式，引导社会资本参与建筑垃圾资源化利用项目，对建筑垃圾资源化利用项目在资金等方面给予扶持。

使用财政性资金建设的城市环境卫生设施、市政工程设施、园林绿化设施等项目应当优先使用建筑垃圾综合利用产品。

鼓励新建、改建、扩建的各类工程项目在保证工程质量的前提下，优先使用可现场回收利用的建筑垃圾和其他建筑垃圾综合利用产品。

第十八条 违反本条例规定，除工程施工单位外，其他单位和个人随意倾倒、抛撒或者堆放建筑垃圾的，由城市管理行政主管部门责令限期改正，给予警告，并对单位处以二万元以上五万元以下罚款，对个人处以一百元以上二百元以下罚款。

第十九条 违反本条例规定，施工现场建筑垃圾处置责任单位将建筑垃圾交给个人或者未经核准从事建筑垃圾运输的单位处置的，由城市管理行政主管部门责令限期改正，给予警告，并处以二万元以上五万元以下罚款；处置建筑垃圾在十立方米以上的，处以五万元以上十万元以下罚款。

第二十条 违反本条例规定，建筑垃圾消纳处置场所运营单位在运营期间擅自关闭或者拒绝消纳处置建筑垃圾的，由城市管理行政主管部门责令停止违法行为，限期改正，处以二万元以上五万元以下罚款。

第二十一条 对其他违反本条例规定的行为，法律、法规已有法律责任规定的，从其规定。

采用暴力、威胁等手段强行承揽建筑垃圾运输业务，或者拒绝、阻碍执法人员依法执行公务等违反治安管理规定的，由公安机关按照《中华人民共和国治安管理处罚法》的有关规定予以行政处罚；构成犯罪的，依法追究刑事责任。

第二十二条 本市城市化管理区域以外的乡村区域可以参照本条例对建筑垃圾进行处置管理。

第二十三条 本条例自2021年1月1日起施行。

三、部委规章

1.《城市建筑垃圾管理规定》

2005年3月23日中华人民共和国建设部令第139号公布，自2005年6月1日起施行。

第一条　为了加强对城市建筑垃圾的管理，保障城市市容和环境卫生，根据《中华人民共和国固体废物污染环境防治法》、《城市市容和环境卫生管理条例》和《国务院对确需保留的行政审批项目设定行政许可的决定》，制定本规定。

第二条　本规定适用于城市规划区内建筑垃圾的倾倒、运输、中转、回填、消纳、利用等处置活动。

本规定所称建筑垃圾，是指建设单位、施工单位新建、改建、扩建和拆除各类建筑物、构筑物、管网等以及居民装饰装修房屋过程中所产生的弃土、弃料及其他废弃物。

第三条　国务院建设主管部门负责全国城市建筑垃圾的管理工作。

省、自治区建设主管部门负责本行政区域内城市建筑垃圾的管理工作。

城市人民政府市容环境卫生主管部门负责本行政区域内建筑垃圾的管理工作。

第四条　建筑垃圾处置实行减量化、资源化、无害化和谁产生、谁承担处置责任的原则。

国家鼓励建筑垃圾综合利用，鼓励建设单位、施工单位优先采用建筑垃圾综合利用产品。

第五条　建筑垃圾消纳、综合利用等设施的设置，应当纳入城市市容环境卫生专业规划。

第六条　城市人民政府市容环境卫生主管部门应当根据城市内的工程施工情况，制定建筑垃圾处置计划，合理安排各类建设工程需要回填的建筑垃圾。

第七条　处置建筑垃圾的单位，应当向城市人民政府市容环境卫生主管部门提出申请，获得城市建筑垃圾处置核准后，方可处置。

城市人民政府市容环境卫生主管部门应当在接到申请后的20日内作出是否核准的决定。予以核准的，颁发核准文件；不予核准的，应当告知申请人，并说明理由。

城市建筑垃圾处置核准的具体条件按照《建设部关于纳入国务院决定的十五项行政许可的条件的规定》执行。

第八条　禁止涂改、倒卖、出租、出借或者以其他形式非法转让城市建筑垃圾处置核准文件。

第九条　任何单位和个人不得将建筑垃圾混入生活垃圾，不得将危险废物混入建筑垃圾，不得擅自设立弃置场受纳建筑垃圾。

第十条　建筑垃圾储运消纳场不得受纳工业垃圾、生活垃圾和有毒有害垃圾。

第十一条　居民应当将装饰装修房屋过程中产生的建筑垃圾与生活垃圾分别收集，并堆放到指定地点。建筑垃圾中转站的设置应当方便居民。

装饰装修施工单位应当按照城市人民政府市容环境卫生主管部门的有关规定处置建筑垃圾。

第十二条　施工单位应当及时清运工程施工过程中产生的建筑垃圾，并按照城市人民政府市容环境卫生主管部门的规定处置，防止污染环境。

第十三条　施工单位不得将建筑垃圾交给个人或者未经核准从事建筑垃圾运输的单位运输。

第十四条　处置建筑垃圾的单位在运输建筑垃圾时，应当随车携带建筑垃圾处置核准文件，按照城市人民政府有关部门规定的运输路线、时间运行，不得丢弃、遗撒建筑垃圾，不得超出核准范围承运建筑垃圾。

第十五条　任何单位和个人不得随意倾倒、抛撒或者堆放建筑垃圾。

第十六条　建筑垃圾处置实行收费制度，收费标准依据国家有关规定执行。

第十七条　任何单位和个人不得在街道两侧和公共场地堆放物料。因建设等特殊需要，确需临时占用街道两侧和公共场地堆放物料的，应当征得城市人民政府市容环境卫生主管部门同意后，按照有关规定办理审批手续。

第十八条　城市人民政府市容环境卫生主管部门核发城市建筑垃圾处置核准文件，有下列情形之一的，由其上级行政机关或者监察机关责令纠正，对直接负责的主管人员和其他直接责任人员依法给予行政处分；构成犯罪的，依法追究刑事责任。

（一）对不符合法定条件的申请人核发城市建筑垃圾处置核准文件或者超越法定职权核发城市建筑垃圾处置核准文件的。

（二）对符合条件的申请人不予核发城市建筑垃圾处置核准文件或者不在法定期限内核发城市建筑垃圾处置核准文件的。

第十九条　城市人民政府市容环境卫生主管部门的工作人员玩忽职守、滥用职权、徇私舞弊的，依法给予行政处分；构成犯罪的，依法追究刑事责任。

第二十条　任何单位和个人有下列情形之一的，由城市人民政府市容环境卫生主管部门责令限期改正，给予警告，处以罚款：

（一）将建筑垃圾混入生活垃圾的；

（二）将危险废物混入建筑垃圾的；

（三）擅自设立弃置场受纳建筑垃圾的。

单位有前款第一项、第二项行为之一的，处3000元以下罚款；有前款第三项行为的，处5000元以上1万元以下罚款。个人有前款第一项、第二项行为之一的，处200元以下罚款；有前款第三项行为的，处3000元以下罚款。

第二十一条　建筑垃圾储运消纳场受纳工业垃圾、生活垃圾和有毒有害垃圾的，由城市人民政府市容环境卫生主管部门责令限期改正，给予警告，处5000元以上1万元以下罚款。

第二十二条 施工单位未及时清运工程施工过程中产生的建筑垃圾，造成环境污染的，由城市人民政府市容环境卫生主管部门责令限期改正，给予警告，处5000元以上5万元以下罚款。

施工单位将建筑垃圾交给个人或者未经核准从事建筑垃圾运输的单位处置的，由城市人民政府市容环境卫生主管部门责令限期改正，给予警告，处1万元以上10万元以下罚款。

第二十三条 处置建筑垃圾的单位在运输建筑垃圾过程中沿途丢弃、遗撒建筑垃圾的，由城市人民政府市容环境卫生主管部门责令限期改正，给予警告，处5000元以上5万元以下罚款。

第二十四条 涂改、倒卖、出租、出借或者以其他形式非法转让城市建筑垃圾处置核准文件的，由城市人民政府市容环境卫生主管部门责令限期改正，给予警告，处5000元以上2万元以下罚款。

第二十五条 违反本规定，有下列情形之一的，由城市人民政府市容环境卫生主管部门责令限期改正，给予警告，对施工单位处1万元以上10万元以下罚款，对建设单位、运输建筑垃圾的单位处5000元以上3万元以下罚款：

（一）未经核准擅自处置建筑垃圾的；

（二）处置超出核准范围的建筑垃圾的。

第二十六条 任何单位和个人随意倾倒、抛撒或者堆放建筑垃圾的，由城市人民政府市容环境卫生主管部门责令限期改正，给予警告，并对单位处5000元以上5万元以下罚款，对个人处200元以下罚款。

第二十七条 本规定自2005年6月1日起施行。

2.《"十四五"循环经济发展规划》

经国务院同意，国家发展改革委近日印发了《"十四五"循环经济发展规划》（发改环资〔2021〕969号，以下简称《规划》）。

《规划》指出，大力发展循环经济，推进资源节约集约循环利用，对保障国家资源安全，推动实现碳达峰、碳中和，促进生态文明建设具有十分重要的意义。"十三五"时期我国循环经济发展取得积极成效，资源利用效率大幅提升，再生资源利用能力显著增强，资源循环利用已经成为保障我国资源安全的重要途径。

《规划》强调，"十四五"循环经济发展要以习近平新时代中国特色社会主义思想为指导，全面贯彻党的十九大和十九届二中、三中、四中、五中全会精神，深入贯彻习近平生态文明思想，立足新发展阶段、贯彻新发展理念、构建新发展格局，坚持节约资源和保护环境的基本国策，遵循"减量化、再利用、资源化"原则，着力建设资源循环型产业体系，加快构建废旧物资循环利用体系，深化农业循环经济发展，全面提高资源利用效率，提升再生资源利用水平，建立健全绿色低碳循环发展经济体系，为经济社会可持续发展提供资源保障。

《规划》提出，到2025年，资源循环型产业体系基本建立，覆盖全社会的资源循环利用体系基本建成，资源利用效率大幅提高，再生资源对原生资源的替代比例进一步提高，循环经济对资源安全的支撑保障作用进一步凸显。其中，主要资源产出率比2020年提高约20%，单位GDP能源消耗、用水量比2020年分别降低13.5%、16%左右，农作物秸秆综合利用率保持在86%以上，大宗固废综合利用率达到60%，建筑垃圾综合利用率达到60%，废纸、废钢利用量分别达到6000万t和3.2亿t，再生有色金属产量达到2000万t，资源循环利用产业产值达到5万亿元。

《规划》围绕工业、社会生活、农业三大领域，提出了"十四五"循环经济发展的主要任务。一是通过推行重点产品绿色设计、强化重点行业清洁生产、推进园区循环化发展、加强资源综合利用、推进城市废弃物协同处置，构建资源循环型产业体系，提高资源利用效率。二是通过完善废旧物资回收网络、提升再生资源加工利用水平、规范发展二手商品市场、促进再制造产业高质量发展，构建废旧物资循环利用体系，建设资源循环型社会。三是通过加强农林废弃物资源化利用、加强废旧农用物资回收利用、推行循环型农业发展模式，深化农业循环经济发展，建立循环型农业生产方式。

《规划》部署了"十四五"时期循环经济领域的五大重点工程和六大重点行动，包括城市废旧物资循环利用体系建设、园区循环化发展、大宗固废综合利用示范、建筑垃圾资源化利用示范、循环经济关键技术与装备创新五大重点工程，以及再制造产业高质量发展、废弃电器电子产品回收利用、汽车使用全生命周期管理、塑料污染全链条治理、快递包装绿色转型、废旧动力电池循环利用六大重点行动。

《规划》明确了循环经济发展保障政策和组织实施，提出健全循环经济法律法规标准、完善循环经济统计评价体系、加强财税金融政策支持、强化行业监管。要求各有关部门按照职能分工抓好重点任务落实，各地区要精心组织安排，明确重点任务和责任分工，结合实际抓好规划贯彻落实。

3.《关于"十四五"大宗固体废弃物综合利用的指导意见》

开展资源综合利用是我国深入实施可持续发展战略的重要内容。大宗固体废弃物（以下简称"大宗固废"）量大面广、环境影响突出、利用前景广阔，是资源综合利用的核心领域。推进大宗固废综合利用对提高资源利用效率、改善环境质量、促进经济社会发展全面绿色转型具有重要意义。为深入贯彻落实党的十九届五中全会精神，进一步提升大宗固废综合利用水平，全面提高资源利用效率，推动生态文明建设，促进高质量发展，制定本指导意见。

（1）总体要求

指导思想：以习近平新时代中国特色社会主义思想为指导，深入贯彻党的十九大和十九届二中、三中、四中、五中全会精神，坚定不移贯彻新发展理念，以全面提高资源利用效率为目标，以推动资源综合利用产业绿色发展为核心，加强系统治理，创新利用模式，实施专项行动，促进大宗固废实现绿色、高效、高质、高值、规模化利用，提高大宗固废综合利用水平，助力生态文明建设，为经济社会高质量发展提供有力支撑。

基本原则：坚持政府引导与市场主导相结合；坚持规模利用与高值利用相结合；坚持消纳存量与控制增量相结合；坚持突出重点与系统治理相结合；坚持技术创新与模式创新相结合。

主要目标：到2025年，煤矸石、粉煤灰、尾矿（共伴生矿）、冶炼渣、工业副产石膏、建筑垃圾、农作物秸秆等大宗固废的综合利用能力显著提升，利用规模不断扩大，新增大宗固废综合利用率达到60%，存量大宗固废有序减少。大宗固废综合利用水平不断提高，综合利用产业体系不断完善；关键瓶颈技术取得突破，大宗固废综合利用技术创新体系逐步建立；政策法规、标准和统计体系逐步健全，大宗固废综合利用制度基本完善；产业间融合共生、区域间协同发展模式不断创新；集约高效的产业基地和骨干企业示范引领作用显著增强，大宗固废综合利用产业高质量发展新格局基本形成。

（2）提高大宗固废利用效率

其中，建筑垃圾：

①加强建筑垃圾分类处理和回收利用；②鼓励建筑垃圾再生骨料及制品在建筑工程和道路工程中的应用；③将建筑垃圾用于土方平衡、林业用土、环境治理、烧结制品及回填等。

（3）推进大宗固废综合利用绿色发展

①推进产废行业绿色转型，实现源头减量；②推动利废行业绿色生产，强化过程控制；③强化大宗固废规范处置，守住环境底线。

（4）推进大宗固废综合利用创新发展

①创新大宗固废综合利用模式。其中，在建筑建造行业，推动建筑垃圾"原地再生＋异地处理"，提高利用效率。

②创新大宗固废综合利用关键技术。鼓励企业建立技术研发平台，加大关键技术研发投入力度；依托国家级创新平台，支持产学研用有机融合；加大科技支撑力度，将大宗固废综合利用关键技术、大规模高质综合利用技术研发等纳入国家重点研发计划；适时修订资源综合利用技术政策大纲，强化先进适用技术推广应用与集成示范。

③创新大宗固废协同利用机制。鼓励多产业协同利用，打通部门间、行业间堵点和痛点；推动跨区域协同利用，推动国家重大战略区域的大宗固废协同处置

利用。

④创新大宗固废管理模式。充分利用大数据、互联网等现代化信息技术手段，推动大宗固废产生量大的行业、地区和产业园区建立"互联网＋大宗固废"综合利用信息管理系统；充分依托已有资源，鼓励社会力量开展大宗固废综合利用交易信息服务。

（5）实施资源高效利用行动

①骨干企业示范引领行动。培育50家具有较强上下游产业带动能力、掌握核心技术、市场占有率高的综合利用骨干企业。

②综合利用基地建设行动。建设50个大宗固废综合利用基地和50个工业资源综合利用基地，推广一批大宗固废综合利用先进适用技术装备。建设50个工农复合型循环经济示范园区，不断提升农林废弃物综合利用水平。

③资源综合利用产品推广行动。将推广使用资源综合利用产品纳入节约型机关、绿色学校等绿色生活创建行动，加大政府绿色采购力度，鼓励党政机关、学校、医院等公共机构优先采购秸秆环保板材等资源综合利用产品；鼓励绿色建筑使用以煤矸石、粉煤灰、工业副产石膏、建筑垃圾等大宗固废为原料的新型墙体材料、装饰装修材料。

④大宗固废系统治理能力提升行动。加快完善大宗固废综合利用标准体系、加强大宗固废综合利用行业统计能力建设、鼓励企业积极开展工业固体废物资源综合利用评价。

（6）保障措施

加强组织协调；强化法治保障；完善政策支持；加强宣传推广。

四、其他

1. 河北省人民政府办公厅印发关于支持建筑垃圾资源化利用若干政策措施的通知

各市（含定州、辛集市）人民政府，雄安新区管委会，省政府各部门：

《关于支持建筑垃圾资源化利用的若干政策措施》已经省政府同意，现印发给你们，请认真贯彻落实。

河北省人民政府办公厅

2022年1月25日

关于支持建筑垃圾资源化利用的若干政策措施

建筑垃圾资源化利用是防治环境污染、维护生态安全、推进生态文明建设、促进经济社会可持续发展的重要途径。为深入贯彻落实习近平生态文明思想,推进全省建筑垃圾资源化利用工作,依据有关法律法规和规定,结合我省实际,制定如下政策措施。

一、完善政策措施,全面提升建筑垃圾资源化利用水平

(一)加强顶层设计。各市、县政府将建筑垃圾资源化利用纳入本级政府国民经济和社会发展总体规划,编制建筑垃圾资源化利用专项规划,制定支持建筑垃圾资源化利用政策文件。〔责任单位:各市(含定州、辛集市,下同)政府,雄安新区管委会〕

(二)推进项目建设。培育一批建筑垃圾资源化利用龙头企业,鼓励支持企业或个人积极参与建筑垃圾资源化利用项目建设。对符合条件的项目,发展改革、自然资源、生态环境、住房城乡建设、城市管理、行政审批等部门开通项目审批绿色通道,在项目立项、用地、规划、环评、核准等方面给予支持。(责任单位:省发展改革委、省自然资源厅、省生态环境厅、省住房城乡建设厅、省政务服务管理办公室,各市政府,雄安新区管委会)

(三)推动社会资本参与。通过特许经营、投资补助、政府购买服务等方式,引导社会资本投资建筑垃圾资源化利用项目,政府按照相关法律、法规、规章的规定,通过招标、竞争性谈判等方式选择经营者,参与招标、竞争性谈判的单位不少于3家。鼓励各地按照市场化原则,由建筑垃圾产生单位向建筑垃圾处置企业直接缴纳处置费用。鼓励各地积极探索其他经营方式。(责任单位:各市政府,雄安新区管委会)

(四)调整处置收费标准。按照《河北省行政事业性收费目录清单》,各市、县政府根据实际情况,适当调整建筑垃圾处置费收费标准,原则上不低于6元/m^3。(责任单位:省发展改革委、省财政厅,各市政府,雄安新区管委会)

(五)积极拓宽融资渠道。鼓励金融机构加大对建筑垃圾资源化利用市场建设的金融支持力度,积极对接建筑垃圾资源化利用领域融资需求,创新金融产品和服务,鼓励引导符合条件的建筑垃圾资源化利用企业通过发行短期融资券、中期票据、定向债务融资工具等银行间市场债务融资工具,拓宽融资渠道。引导金融机构设立建筑垃圾资源化专项贷款业务。(责任单位:省地方金融监管局、人行石家庄中心支行、河北银保监局)

(六)落实政策扶持。按照《关于完善资源综合利用增值税政策的公告》(财政部 税务总局公告2021年第40号)和《关于公布〈环境保护、节能节水项目企业所得税优惠目录(2021年版)〉以及〈资源综合利用企业所得税优惠目录(2021年版)〉的公告》(财政部 税务总局 发展改革委 生态环境部公告2021年第

36号）等有关规定落实扶持政策。（责任单位：各市政府，雄安新区管委会）

（七）纳入监管正面清单。建立建筑垃圾资源化利用企业名录并定期发布。将建筑垃圾资源化利用企业列入生态环境监管正面清单，在确保扬尘管控措施到位、污染物排放达标、所使用的非道路移动机械检测合格并进行环保编码登记的前提下，可以正常开展生产经营活动。（责任单位：省工业和信息化厅、省住房城乡建设厅、省生态环境厅，各市政府，雄安新区管委会）

（八）适当给予激励。各市、县可以根据国家和我省有关环境治理、资源化利用、科技创新等方面的支持政策，结合当地实际制定建筑垃圾资源化利用激励措施。（责任单位：各市政府，雄安新区管委会）

二、推进科技创新，为建筑垃圾资源化利用提供技术和标准支撑

（九）鼓励企业自主创新。鼓励企业开展建筑垃圾资源化利用新技术、新工艺、新材料、新设备研发，完成一批高水平科研成果。将建筑垃圾资源化利用技术和装备研发列为省级科技计划重点支持方向。（责任单位：省科技厅、省住房城乡建设厅，各市政府，雄安新区管委会）

（十）完善科技创新体系。支持建筑垃圾资源化利用企业搭建技术创新中心、产业研究院等创新平台，全省搭建不少于5个资源化利用创新平台。鼓励科技领军企业联合行业上下游、产学研力量，牵头组建建筑垃圾资源化利用相关创新联合体，开展再生骨料强化技术、再生建材生产技术等相关技术攻关。鼓励高校开设建筑垃圾资源化利用相关专业，培养专业技术人才。（责任单位：省科技厅、省教育厅，各市政府，雄安新区管委会）

（十一）健全技术标准体系。制定建筑垃圾堆砌地建设标准，修订建筑垃圾资源化利用技术导则，制定建筑垃圾再生产品应用于各类建筑、市政、公路建设中的工程建设标准。鼓励社会团体组织编制相关的团体标准，支持企业制定严于国家和行业标准的企业标准。（责任单位：省住房城乡建设厅、省交通运输厅，雄安新区管委会）

（十二）大力培育示范企业。每个设区的市至少培育1家技术装备先进、能源消耗低、环保安全达标、资源化利用程度高的优势企业，进厂建筑垃圾的资源化率不低于95％。鼓励现有的资源化利用企业扩大规模，进行技术革新和设备升级，提高资源化处理水平。打造1～2个建筑垃圾资源化利用示范企业，逐步形成建筑垃圾资源化利用产业集群。（责任单位：省工业和信息化厅、省住房城乡建设厅，各市政府，雄安新区管委会）

三、凝聚各方合力，加快建筑垃圾再生产品推广应用

（十三）推进分类利用。对拆除工程，按照混凝土、砌块砖瓦、轻物质料（木料、塑料、布料等）、金属材料等对建筑垃圾进行分类，除在工地就近循环利用外，将连片拆卸工程与循环利用工程联合招标，强化落实源头分类拆卸、末端资源化利用。对新建工程，按照工程渣土、泥浆和工程废料等进行分类，鼓励工

程渣土就地回填、工程废料循环利用，提高临时设施和周转材料重复利用率。对装修垃圾，由专业清运企业运输至堆砌地，再按照轻物质类（木料、塑料、布料等）、砖石混凝土类、金属材料等进行分拣处理和资源化利用。（责任单位：各市政府，雄安新区管委会）

（十四）优先使用再生产品。鼓励在房屋建筑、市政基础设施、交通基础设施、海绵城市、园林景观等各类工程建设中，优先选用符合技术标准和设计、质量要求的建筑垃圾再生产品。（责任单位：省住房城乡建设厅、省交通运输厅，各市政府，雄安新区管委会）

将废弃混凝土、砂浆和砖瓦等进行破碎筛分制成各类再生骨料。再生粗骨料可用于道路工程的垫层、基层和建筑工程地基回填；再生粗、细骨料合理级配可制备再生混凝土、再生砂浆，用于建筑工程非承重结构和非承重墙体砌筑、抹灰等；再生细骨料制成再生砌块（砖）与墙板，再生砌块（砖）可用于建筑工程的砌筑围墙、非承重墙体，再生便道砖、透水砖等可用于市政工程的人行道、广场、公园、停车场等路面铺装，再生墙板可用于非承重墙体分隔。废旧沥青经再生处理后制成路面沥青混凝土，可用于道路工程的路面。

房屋建筑工程中使用再生砌块（砖）等产品占同种类产品的比例不低于10%；市政基础设施工程中使用再生粗骨料、再生砌块（砖）、再生沥青混凝土等产品占同种类产品的比例不低于20%。公路工程和预拌混凝土企业优先使用建筑垃圾再生粗、细骨料。（责任单位：省住房城乡建设厅、省交通运输厅，各市政府，雄安新区管委会）

政府投资或以政府投资为主的工程项目，优先使用建筑垃圾再生产品，做到能用尽用。（责任单位：省发展改革委、省住房城乡建设厅、省交通运输厅，各市政府，雄安新区管委会）

（十五）明确参建各方责任。建设单位在项目可行性研究报告中明确建筑垃圾再生产品使用要求，组织编制建设工程项目概（预）算时，合理估算建筑垃圾减量化措施费用并计入工程造价，将使用建筑垃圾再生产品的相关要求纳入设计和施工招标文件，并在施工合同中明确；设计单位应在设计文件说明中明确建筑垃圾再生产品的使用工程部位和产品种类；施工图审查机构按照有关规定对设计文件进行审查；施工单位应严格按照设计文件要求进行施工；监理单位按照法律法规、标准规范做好监督指导，发现未按设计要求使用建筑垃圾再生产品和违反有关技术标准的行为，责令施工单位改正。（责任单位：省发展改革委、省住房城乡建设厅、省交通运输厅，各市政府，雄安新区管委会）

（十六）建立推广机制。编制《河北省推广、限制和禁止使用建设工程材料设备产品目录》，每年发布2批建筑垃圾再生产品目录，对建筑垃圾再生产品予以重点推广，鼓励优先选用进入目录的建筑垃圾再生产品。将建筑垃圾再生产品使用情况纳入河北省人居环境奖、绿色建筑创新奖等奖项评选指标体系，对使用建筑垃圾再生产品的予以加分，未使用的予以减分。鼓励相关社会团体开展建筑垃圾资源化利用技术交流、技能培训和推广活动。（责任单位：省住房城乡建设厅，各市政府，雄安新区管委会）

（十七）加强宣传引导。充分利用新闻媒体、网络平台、微信公众号等载体，定期进行宣传普及活动，广泛宣传建筑垃圾资源化利用重要意义，提高社会参与度和认知度，为建筑垃圾资源化利用工作营造良好氛围。（责任单位：省住房城乡建设厅等省有关部门，各市政府，雄安新区管委会）

2. 河北省人民政府办公厅关于印发河北省"十四五"时期"无废城市"建设工作方案的通知

各市（含定州、辛集市）人民政府，雄安新区管委会，省政府各部门：

《河北省"十四五"时期"无废城市"建设工作方案》已经省政府同意，现印发给你们，请认真组织实施。

河北省人民政府办公厅
2022年3月20日

河北省"十四五"时期"无废城市"建设工作方案

为深入贯彻落实《中共中央 国务院关于深入打好污染防治攻坚战的意见》（中发〔2021〕40号）、生态环境部等部门《"十四五"时期"无废城市"建设工作方案》（环固体〔2021〕114号）和省委、省政府工作部署，推动本省全域开展"无废城市"建设，根据国家"十四五"时期"无废城市"建设工作要求，结合雄安新区"无废城市"试点经验和我省实际，制定本工作方案。

一、总体要求

（一）指导思想。

以习近平新时代中国特色社会主义思想为指导，深入贯彻党的十九大和十九届历次全会精神，全面贯彻省第十次党代会精神和省委、省政府决策部署，立足新发展阶段，完整准确全面贯彻新发展理念，以推动固体废物减量化、资源化、无害化为主线，统筹制度、技术、市场、监管等要素集成，构建"无废"新能源、新产业、新旅游和新工厂，形成固体废物污染环境防治新发展格局，发挥减污降碳协同效应，推动城市绿色低碳转型，服务经济社会高质量发展，为加快建设现代化经济强省、美丽河北增添绿色底蕴。

（二）基本原则。

统筹谋划、协同推进。坚持以降碳为重点战略方向，发挥固体废物污染防治一头连着减污、一头连着降碳的重要作用，加强各部门各领域统筹衔接，强化建设工作系统性、协同性、配套性和永续性，构建一体谋划、一体部署、一体推进、一体考核的"无废城市"建设工作体系。

创新引领、市场驱动。坚持问题导向、目标导向，将新发展理念贯穿于"无废城市"建设全过程，深化体制机制改革，创新思路方法举措，强化科技动力支撑，激发市场主体活力，将有为政府和有效市场有机结合，加快补齐相关治理体系和基础设施短板，持续提升固体废物综合治理能力。

依法治理、分类施策。坚持尊法守法用法，运用法治方式，因地制宜设定固体废物治理任务、方法、措施、路径，不断优化完善阶段性建设指标体系，依法压实各方责任，依法治污、因势利导，破解固体废物污染防治工作中难点堵点问题，保障"无废城市"建设有力推进。

党政主导、全民共建。坚持把"党政同责、一岗双责"要求落实到固体废物污染防治全过程，加强"无废城市"建设组织推进，大力宣传"无废城市"理念，积极引导社会各界广泛参与，加快构建党委领导、政府主导、企业主体、社会组织和公众共治共建的"无废城市"建设工作格局，推动形成绿色生产生活方式。

（三）工作目标。

各市（含定州、辛集市，下同）同步启动"无废城市"建设，有序纳入国家建设行列，形成雄安新区率先突破、各市梯次发展的"无废城市"集群。"十四五"时期，全省大宗固体废物综合利用水平持续提升，尾矿库环境风险有效管控；生活源和农业源固体废物充分资源化利用，绿色低碳"无废"理念普遍形成；制度、技术、市场、监管体系和管理信息"一张网"基本建立，固体废物治理体系和治理能力得到明显提升。

二、主要任务

（一）强化顶层制度设计，完善固体废物管理政策体系。

1. 健全污染防治内生机制。落实《中华人民共和国固体废物污染环境防治法》，推进《河北省固体废物污染环境防治条例》修订进程。研究制定固体废物污染环境防治目标责任制和考核评价制度，强化地方主体责任。统筹城市发展与固体废物管理，将固体废物分类收集及无害化处置设施纳入环境基础设施和公共设施范围。梳理各类固体废物产生、收集、贮存、转移、利用、处置等环节的监管盲区，明确各部门职责边界，建立横向到边、纵向到底的协调联动机制，做到管行业必须管环保、管发展必须管环保、管生产必须管环保。实行环境信息依法披露制度，依法依规将固体废物产生、利用处置企业纳入企业环境信用评价范围。（省生态环境厅、省工业和信息化厅、省住房城乡建设厅、省农业农村厅、省政务服务管理办公室等部门按职责分工负责，各市政府、雄安新区管委会负责落实。以下均需各市政府、雄安新区管委会落实，不再列出）

2. 强化标准规范支撑作用。鼓励企业、社会团体及有关单位参与固体废物资源化、无害化技术标准与规范制定，促进上下游产业间标准衔接。以尾矿、煤矸石、粉煤灰、冶炼渣、工业副产石膏、建筑垃圾、秸秆等大宗固体废物消纳为重点，支持企业制定高于国家和行业的内控标准。加快绿色制造标准建设，完善省级绿色工厂、绿色园区评价标准。（省生态环境厅、省工业和信息化厅、省住房城乡建设厅、省农业农村厅、省市场监管局按职责分工负责）

3. 完善固体废物分类统计。建立健全固体废物统计制度，完善各类固体废物数据统计范围、口径和方法。将工业固体废物统计与排污许可有机结合，督促企业依法提供工业固体废物数据信息。完善危险废物统计范围，依托危险废物收集试点单位，将小微企业和社会源危险废物纳入统计体系。探索开展建筑垃圾统计，对施工工程中产生的建筑垃圾进行有效管控。完善生活领域和农业领域固体废物统计方法，建立主要类别固体废物管理台账。（省发展改革委、省工业和信息化厅、省生态环境厅、省住房城乡建设厅、省农业农村厅、省统计局等按职责分工负责）

（二）加快工业绿色升级，降低工业固体废物处置压力。

1. 加快产业和能源结构调整。聚焦钢铁、建材、石化化工、装备、医药、纺织、造纸、皮革等重点行业，实施传统产业"千企绿色改造"助推"万企转型"，加快发展新能源、新材料、新能源汽车等绿色新兴产业。推动钢铁、石化等重化工行业向沿海临港地区适度集聚，建材行业向资源富集地集聚，促进钢铁、水泥、平板玻璃、焦化等行业兼并重组。实施工业企业"四个一批"工程，推动企业入园进区。优化工业用能结构，严格控制钢铁、化工、水泥等主要用煤行业煤炭消费，提升清洁能源消费比重。（省发展改革委、省工业和信息化厅按职责分工负责）

2. 推进工业固体废物源头减量。"双超双有高能耗"行业实施强制性清洁生产审核，石化、化工、焦化、水泥等重点行业制定"一行一策"清洁生产改造提升计划，重点行业清洁生产审核实现全覆盖。围绕钢铁、建材、石化化工、装备制造等重点行业和开发区，推动绿色设计、绿色工厂、绿色园区、绿色供应链创建。钢铁、水泥、平板玻璃行业重点企业全部建成绿色工厂，汽车生产企业推行绿色供应链管理体系，具备条件的国家级和省级园区全部实施循环化改造。承德、唐山、张家口、秦皇岛市持续开展尾矿库环境风险隐患排查整治，加快推进绿色矿山建设，新建在建矿山实现"边开采、边治理、边恢复"，大中型固体生产矿山基本达到绿色矿山标准。（省发展改革委、省工业和信息化厅、省生态环境厅、省自然资源厅、省应急管理厅按职责分工负责）

3. 以钢铁产业为重点引领减污降碳协同增效。开展钢铁行业建设项目碳排放环境影响评价试点，从源头实现减污降碳协同作用。推进钢铁行业短流程改造，试点示范富氢燃气炼铁，持续降低长流程炼钢比重。优化钢铁行业原燃料结构，由化石能源向可再生能源转型，提高废钢、废铁、煤尘、烟尘等固体废物资源化利用，打造钢铁冶金行业"固废不出厂"的全量化利用模式。结合钢铁、建材、石化化工等重点行业碳达峰行动方案，实施重大节能低碳技术改造示范工程，加快实现钢铁行业碳排放达峰，创建一批钢铁行业"无废工厂"示范。唐山市率先开展钢铁行业温室气体试点监测，探索建立碳监测评估技术方法体系。（省发展改革委、省工业和信息化厅、省生态环境厅按职责分工负责）

4. 促进大宗工业固体废物综合利用。开展存量大宗工业固体废物排查整治，推进尾矿、粉煤灰、煤矸石、冶炼渣、工业副产石膏、化工废渣等在有价组分提取、建材生产、生态修复等领域的规模化利用。推动工业固体废物在厂区内、园区内、省域内协同循环利用，开展省级工业固体废物综合利用示范，培育一批示范园区、企业。承德市围绕尾矿综合利用，借力国家工业固废资源综合利用示范基地，立足承德双滦钒钛冶金产业聚集区，推动固体废物机制砂石骨料、预制混凝土结构件、全固体废物胶凝等建筑材料规模化生产供应。唐山、邯郸市依托国家大宗固体废弃物综合利用示范基地，推进钢渣、粉煤灰、煤矸石等在绿色建材、路基材料中的应用，提升工业固体废物综合利用规模。（省发展改革委、省工业和信息化厅按职责分工负责）

5. 推进再生资源高效利用。以铅蓄电池、动力电池、电器电子产品为重点，推行生产企业"逆向回收"等模式。积极推进风电机组叶片、光伏组件等新兴产业废物循环利用。支持金属冶炼、汽车制造、造纸等龙头骨干企业与再生资源回收加工企业合作，建设一批大型一体化废钢铁、废纸、废旧轮胎、废塑料等绿色分拣加工配送中心和废旧动力电池回收中心，高水平建设现代化"城市矿产"基地。提升再生铜、铝、钴、锂等战略金属资源回收利用比例，推动多种有价组分综合回收。（省发展改革委、省工业和信息化厅、省商务厅按职责分工负责）

（三）践行绿色生活方式，推动生活固体废物源头减量。

1. 倡导绿色生活方式。从日常餐饮入手，坚决制止浪费行为，推广"光盘行动"，减少餐厨垃圾。引导宾馆、酒店、民宿等场所不主动提供一次性用品。加快建设冀北清洁能源基地，重点建设张承百万千瓦风电基地和张家口、承德、唐山、沧州市及沿太行山区光伏发电应用基地，减少煤电比重。加强塑料污染全链条防治，有序禁止、限制部分塑料制品的生产、销售和使用，规范回收利用。开展绿色物流体系建设，石家庄、保定、廊坊、邯郸市结合智慧物流发展，推进快递包装材料源头减量，减少电商快件过度包装、二次包装，基本实现绿色转型。（省发展改革委、省住房城乡建设厅、省生态环境厅、省机关事务局、省教育厅、省商务厅、省邮政管理局按职责分工负责）

2. 加强生活垃圾管理。大力推进城市生活垃圾分类，建设分类投放、分类收集、分类运输、分类处理的生活垃圾处理系统。开展国家级和省级公共机构生活垃圾分类示范点遴选工作，发挥公共机构引领作用。合理布局建设废旧物资"交投点、中转站、分拣中心"三级回收体系，稳步推进生活垃圾分类网点与再生资源回收网点"两网融合"。积极推进生活垃圾无害化处理,加快生活垃圾焚烧处理设施建设,加强生活垃圾填埋场封场治理,实现原生生活垃圾"零填埋"。提升厨余垃圾资源化利用能力,着力解决堆肥、沼液、沼渣等产品应用"梗阻"问题。唐山、秦皇岛、沧州市沿海区域构建海上环卫工作机制,实现岸滩、入海河流和海洋垃圾常态化防治。(省住房城乡建设厅、省农业农村厅、省发展改革委、省商务厅、省交通运输厅、省水利厅、省生态环境厅、省机关事务局按职责分工负责)

3. 多点打造特色"无废"细胞工程。夯实基层基础工作,探索创建多场景"无废"模式,大力厚植"无废"理念。创建"无废小区",鼓励建设集中规范"跳蚤市场",推动二手商品交易和流通,发展共享经济,方便居民交换闲置废旧物品。结合乡村地理特点、民俗风情,创建"无废乡村",将"无废"理念纳入村规民约,探索建立生活垃圾干湿分类、可回收物积分兑换等适合农村固体废物管理的长效机制。创建"无废景区",旅游景区、度假区做好生态化开发,倡导游客文明旅游。创建"节约型机关",规范行政机关垃圾分类投放,推行无纸化办公,大幅减少废纸、一次性办公用品产生,倡导低碳环保出行等举措。探索工矿废弃地多元化发展模式,资源型城市实施采煤沉陷区、独立工矿区改造提升,综合选用土地复垦利用、工程绿化、园林景观建设、文化旅游开发等多种方式进行生态修复。衡水市结合教育行业资源优势,创建"无废校园"示范。(省发展改革委、省教育厅、省住房城乡建设厅、省自然资源厅、省农业农村厅、省文化和旅游厅、省机关事务局按职责分工负责)

(四)加强重点环节管控,推进建筑垃圾多维综合利用。

1. 推进建筑垃圾源头减量。落实建设单位建筑垃圾减量化主体责任,将建筑垃圾减量化措施费用纳入工程概算。鼓励新建住宅建设单位直接向使用者提供全装修成品房。城市建设改造中,大力发展装配式建筑,推广装配式装修,有序提高绿色建筑占新建建筑的比例。(省住房城乡建设厅负责)

2. 推进建筑垃圾多渠道消纳。统筹工程土方调配,新建工程开展土方平衡论证,实现区域内就近消纳处置。对堆放量较大、较集中的建筑垃圾堆放点,开展环境影响分析,通过堆山造景、建设公园和湿地等方式,实现建筑垃圾堆砌地的综合利用和生态修复。在土方平衡、林业用土、环境治理、烧结制品及回填等领域,推广使用经处理后的建筑垃圾。在城市更新和存量住房改造建设中,特别是政府投资或以政府投资为主的工程项目,优先使用建筑垃圾再生产品。推进资源化利用设施建设,采取固定与移动相结合的建筑垃圾资源化利用处理设施建设模式,实现就地就近综合回收利用。(省住房城乡建设厅负责)

(五)严格环境风险防控,提升危险废物综合治理能力。

1. 严格危险废物源头管控。积极推动源头减量,年产生危险废物量100t以上危险废物的企业完成强制性清洁生产审核。持续开展危险废物排查整治,全面落实涉危险废物企业法人主体责任承诺制，严禁委托无资质第三方转运处置，严防风险外溢。建立"一长三员"网格化管理机制，形成自上而下、由外到内"一对一"管理模式，增强风险内控力。以危险废物规范化环境管理评估为抓手，推动日常管理向深度、广度拓展，着力提升规范化管理水平。（省生态环境厅、省发展改革委、省交通运输厅按职责分工负责）

2. 优化利用处置结构布局。加快调整结构、优化布局、提升技术，实现危险废物资源利用、焚烧处置、填埋处置梯次推进，严格控制危险废物直接填埋。支持危险废物利用类项目建设，实施市场自主调节。在风险可控的前提下，探索工业企业利用危险废物替代生产原料"点对点"定向利用许可豁免管理。推动小微企业危险废物收集试点建设，服务小微企业、社会源危险废物收集转运。加快基层医疗卫生机构废弃物分类收集体系建设，建立完善周转站、集中收集周转中心，实现医疗废物收集全覆盖。（省生态环境厅、省卫生健康委按职责分工负责）

3. 切实提高应急保障能力。将涉危险废物突发生态环境事件应急处置纳入政府应急响应体系，督促指导危险废物相关企业制定突发环境事件防范措施和应急预案。全面实施危险废物电子转移联单制度，依法加强道路运输安全管理。统筹谋划医疗废物处置应急能力建设，建立危险废物焚烧处置设施、生活垃圾焚烧设施、水泥窑协同处置等应急处置设施清单。积极推进移动式医疗废物应急设施保障市场化，探索建立移动式医疗废物处置设施应急保障中心。（省生态环境厅、省发展改革委、省应急管理厅、省交通运输厅、省卫生健康委按职责分工负责）

（六）发展生态循环农业，促进农业农村废物资源利用。

1. 推进农业面源污染治理。实施农药化肥零增长行动，深入推进测土配方精准施肥，推进化肥减量增效示范区和农作物全程绿色防控示范区建设。加强粪污资源化利用、病死畜禽无害化处理，开展畜禽粪污处理设施提档升级行动，推广清洁养殖工艺和干清粪、微生物发酵等实用技术，鼓励粪肥就地就近还田利用。（省农业农村厅、省生态环境厅按职责分工负责）

2. 提升农业废弃物综合利用。因地制宜优化调整秸秆综合利用结构，大力支持秸秆能源化利用，推广食用菌优势产区秸秆基料化、牛羊等草食动物养殖区秸秆饲料化、蔬菜生产区秸秆肥料化利用，推动农作物主产区和农林废弃物丰富区秸秆综合利用示范县建设。鼓励可降解农膜研发推广，促进全生物降解地膜示范应用。加强废旧农膜、农药瓶回收利用，支持供销社发挥农资供应主渠道作用，参与农膜及农药包装物废弃物回收利用体系建设。鼓励海水养殖户收集生产活动中产生的塑料垃圾等固体废物，推动清塘淤泥收集及无害化处理或资源化利用。（省农业农村厅、省供销社负责）

3. 加快农村固体废物治理。深入推进农村生活垃圾无害化处理，选择适宜的生活垃圾分类处理模式和技术路线，实现收运处置体系全覆盖。开展农村生活垃圾分类收集试点，推动城乡环卫制度并轨，建制镇逐步提高生活垃圾收运能力并向农村延伸。深入开展村庄清洁和绿化行动，在环京津、环雄安新区周边建成一批美丽乡村。全面开展农村厕所改造，山区、坝上地区农村卫生厕所普及率稳步提高，平原地区农村户用厕所愿改尽改，新改建户厕所进户入院，引导新改水冲式厕所入室进屋，厕所粪污处理和资源化利用能力不断提升。（省农业农村厅、省住房城乡建设厅、省发展改革委负责）

（七）立足区域协同发展，构建京津冀"无废城市"集群。

1. 加快雄安新区"无废城市"建设。雄安新区持续推进"存量处理全量化、建设过程无废化、新区发展无废化"建设，率先形成"无废城市"建设综合管理体系，发挥示范带动效应。发挥"大基建"体量优势，打造建筑垃圾综合利用示范区，积极推进拆除、改（扩）建、新建产生的建筑垃圾就地就近全量化利用处置，有效消纳周边存量尾矿、废石等工业固体废物再生建材产品。加快垃圾综合处理工程高质量、高标准建设，构建生活垃圾、厨余垃圾、粪便污泥、市政污泥、医疗废物等城市固体废物综合协同共治、资源耦合的低碳循环体系。积极推进有机废弃物堆肥细胞试点工程，高效生产可用于园林绿化工程的高品质有机肥料，探索建立绿化废弃物、农业废物、粪渣等有机废物无害化处置和资源化利用模式。（省生态环境厅、省住房城乡建设厅、省发展改革委等有关部门按职责分工负责）

2. 推动各具特色"无废城市"建设。依托各地经济社会文化发展基础，因地制宜、各有侧重，形成功能互补、共享共治的"无废城市"发展模式。环京津核心功能区（保定、廊坊市和雄安新区）、冀西北生态涵养区（张家口、承德市）突出绿色生产生活方式转变，以产业转型和"无废"旅游文化为突破点，推动绿色发展。沿海率先发展区（唐山、沧州、秦皇岛市）抓实钢铁、石化、制造行业减污降碳，以"无废园区"和美丽海湾建设为立足点，推动低碳发展。冀中南功能拓展区（石家庄、邯郸、邢台、衡水市）围绕城乡固体废物资源回收利用，以示范基地建设和绿色种养农业循环为着力点，推动循环发展。（省发展改革委、省工业和信息化厅、省生态环境厅、省住房城乡建设厅、省农业农村厅、省文化和旅游厅等有关部门按职责分工负责）

3. 促进京津冀"无废城市"协作。加强与京津"无废城市"创新资源对接合作，提供便捷高效服务，加大招商引资力度，积极引进京津企业和先进技术、资金资源，参与各地固体废物污染防治基础设施投资建设，有效承接京津固体废物转移利用处置功能疏解。推动建立京津冀协同利用尾矿、废石等建筑材料生产供应基地，培育废旧金属、废旧高分子材料、退役动力电池等再生资源回收利用标杆企业。完善京津冀和周边合作区域危险废物跨省转移"白名单"制度，推动制定危险废物跨省转移处置的生态环境保护补偿标准与方法。（省发展改革委、

省工业和信息化厅、省商务厅、省生态环境厅按职责分工负责）

（八）激发市场主体活力，建立健全环境管理市场体系。

1. 加大财税扶持力度。积极申报国家中央预算内投资，用足用好省节能和循环经济、省工业转型升级等专项资金，支持环境基础设施补短板、大宗固体废物综合利用等循环经济项目建设。支持协同管控土壤污染风险的"无废城市"建设项目申请中央、省级土壤污染防治资金。现有农业支持保护补贴中，加大对畜禽粪污和秸秆综合利用生产有机肥、使用配方肥和全生物降解农膜、秸秆直接还田的补贴力度，同步减少化肥补贴。生活垃圾、餐厨垃圾处理等基础设施和公共服务领域，通过产生者付费等吸引社会资本参与。按政策规定落实好资源综合利用产品和劳务增值税即征即退，资源综合利用企业所得税减计收入、研发费加计扣除，资源综合利用的固体废物免征环境保护税等税收优惠政策。（省发展改革委、省工业和信息化厅、省财政厅、省税务局、省住房城乡建设厅、省生态环境厅、省农业农村厅按职责分工负责）

2. 大力发展绿色金融。开展绿色金融评价，发挥激励约束机制作用，鼓励银行业金融机构积极拓展绿色金融业务。加大绿色信贷、绿色债券、绿色基金、绿色保险对"无废城市"建设项目的支持力度，引导社会资本投向循环经济领域。支持保险机构开展绿色保险业务，建立健全保险理赔服务体系。鼓励符合条件的绿色企业上市融资，支持绿色产业上市公司通过增发、公司债、银行间市场债务融资工具等方式再融资。危险废物经营单位全面推行环境污染责任保险。（省地方金融监管局、人行石家庄中心支行、河北银保监局、河北证监局、省发展改革委、省财政厅、省生态环境厅按职责分工负责）

3. 积极培育市场主体。强化产业培育和市场化体系建设，充分挖掘环境治理产业市场潜力，打造一批固体废物资源化利用骨干企业。鼓励专业化第三方机构从事固体废物资源化利用、环境污染治理与咨询服务，为"无废城市"建设提供专业化服务。加强"无废城市"建设的市场化投融资机制和商业模式探索，以政府为责任主体，在不增加地方政府隐性债务的前提下，深化政银合作，依法依规探索采用政府和社会资本合作等模式，推动固体废物收集、利用与处置工程项目设施建设运行。（省发展改革委、省工业和信息化厅、省生态环境厅、省农业农村厅、省住房城乡建设厅、人行石家庄中心支行按职责分工负责）

（九）加强科技创新支撑，推动形成环境管理技术体系。

1. 促进技术研发。加强固体废物污染防治共性问题研究，鼓励各类科研院所、高校、企业申报国家、省重点研发计划"固废资源化"、碳达峰碳中和等创新专项。鼓励企业牵头或参与承担市场导向明确的绿色技术创新项目。（省科技厅、省发展改革委、省工业和信息化厅、省生态环境厅按职责分工负责）

2. 加速成果转化。组织推荐国家重大环保装备技术名录和环保装备技术规范管理企业，优先将先进绿色环保产品列入首台（套）政策支持范围。充分发挥省级政府引导基金作用，加大绿色技术创新项目股权融资力度。加强与国家绿色技术交易中心对接，鼓励引导省内企业、高校、科研机构积极参与国家绿色技术交易。大力推广应用工业资源综合利用先进适用工艺技术设备，持续扩大工业固体废物减量化和综合利用渠道。（省发展改革委、省工业和信息化厅、省科技厅按职责分工负责）

3. 强化示范带动。以废酸、飞灰、废盐、生物质等产生量大、难利用废物为重点，引进国内外先进成熟技术，建设一批可复制推广的示范项目。加快建设创新平台，依托龙头骨干企业，培育建设固体废物资源化利用相关技术创新中心、产业技术研究院，促进关键核心技术攻关和成果转移转化。（省发展改革委、省工业和信息化厅、省科技厅按职责分工负责）

（十）多向监管协同发力，构建联防联控联治综合体系。

1. 加大执法监管力度。强化固体废物环境执法，将固体废物纳入日常生态环境执法监管体系，推进非现场执法改革，通过"双随机、一公开""互联网＋执法"等方式，常态化开展执法监管。加强相关部门联合执法，依法依规查处固体废物污染环境违法违规行为。坚持"打源头、端窝点、摧网络、断链条、追流向"，严厉打击固体废物环境违法犯罪行为，依法依规对典型违法案件严惩重罚。积极推动生态环境损害赔偿和检察公益诉讼制度落实，依法追究损害生态环境责任者的赔偿责任。（省生态环境厅、省公安厅、省住房城乡建设厅、省自然资源厅、省农业农村厅、省水利厅、省卫生健康委、省交通运输厅、省林业和草原局按职责分工负责）

2. 强化行政执法与刑事司法联动。进一步统一取证规则、认定标准和法律适用，规范程序和法律文书，完善行政处罚信息录入、信息共享、案情通报、案件移送等双向衔接工作机制。对重大案件、重点区域案件组织开展司法执法联动，实施专项监督，加大综合惩处力度。对自查自纠并及时妥善处置历史遗留固体废物的企业，依法从轻处罚。（省生态环境厅、省司法厅、省公安厅按职责分工负责）

3. 完善固体废物环境信息管理。建立"无废城市"信息化管理平台，联通各类固体废物数据信息，充分利用各部门信息系统和数据资源，实现跨部门、跨层级、跨领域的数据共享与平台互联互通，加快推进"互联网＋监管＋协调联动"，建立线上监管与线下现场执法协调机制。（省生态环境厅、省工业和信息化厅、省住房城乡建设厅、省农业农村厅、省卫生健康委按职责分工负责）

三、实施步骤

（一）建立建设梯队。各市政府提出"无废城市"建设申请，省生态环境厅会同省有关部门提出意见后，择优报送生态环境部，并积极争取纳入国家建设名单。根据生态环境部确定的城市名单，建立国家、省"无废城市"建设梯队。

（二）编制实施方案。各市政府组织编制"无废城市"建设实施方案。实施方案参照生态环境部办公厅《"无废城市"建设试点实施方案编制指南》制定，与当地经济社会发展规划有机融合，明确城市发展现状、资源禀赋、产业布局、发展阶段、固体废物产生和利用处置现状等，建立目标清单、任务清单、项目清单、责任清单，做到目标任务化、任务项目化、项目责任化。纳入国家"无废城市"建设名单的市于2022年7月底前印发实施方案，报送生态环境部和省生态环境厅；其他市于2022年12月底前印发实施方案，报送省生态环境厅。

（三）稳步推进建设。各市政府是"无废城市"建设的责任主体，要围绕"无废城市"建设工作内容，建立专门工作机制，逐级细化分解各项任务，明确时间表、路线图，加强工作调度、督导和考核，确保实施方案落地落实见效。

（四）开展评估总结。建设期间，每年底前，各市对"无废城市"建设总体情况、主要做法和成效、存在的问题及建议等进行自我评估，形成总结报告，并于次年1月底前报送省生态环境厅。省生态环境厅会同省有关部门对全省"无废城市"建设总体情况进行全面评估，于次年3月底前将总结报告报送生态环境部。

四、保障措施

（一）加强组织领导。成立全省"无废城市"建设工作领导小组，省政府分管负责同志任组长，各相关单位负责同志为成员，领导小组办公室设在省生态环境厅，统筹协调推动各市和雄安新区"无废城市"建设。强化部门间协调联动，切实加大对"无废城市"建设的组织和指导力度，积极推动"无废城市"建设各项工作落地见效。加强"无废城市"建设考核，把"无废城市"建设与固体废物管理有机结合，纳入省对市污染防治攻坚成效考核内容。各市成立相应的领导协调机制，强力组织开展"无废城市"建设，形成各负其责、各司其职、齐抓共管的工作格局。

（二）强化技术帮扶。科学合理设定"无废城市"建设技术路线，省生态环境厅会同省有关部门指导各市编制实施方案，组织调配技术力量，建立"无废城市"建设专家库和技术帮扶组，为各市、雄安新区提供全流程跟踪式技术指导，保障"无废城市"建设按预期目标顺利推进。培育新兴市场主体，健全"无废城市"建设技术服务体系，提高先进适用环境技术装备和环境科技咨询服务的有效供给能力，支撑固体废物的精准、科学治理。

（三）积极推广复制。学习借鉴"无废城市"试点建设成功案例，因地制宜消化吸纳，融入各地实践，加快"无废城市"建设进程。省生态环境厅会同省有关部门持续跟踪各市、雄安新区建设动态，深入系统总结成效和经验，把行之有效的创新举措制度化，形成可复制可推广的模式，积极在全省推广应用。

（四）大力宣传引导。各市、雄安新区要以"无废城市"建设为主题，将绿色生产生活方式等内容纳入有关教育培训体系，面向学校、社区、家庭、企业开展形式多样生态文明教育，形成全社会共建共治共享的强大合力。丰富宣传方式，加大宣传力度，培育"无废"理念，提高全民节约资源和保护环境的意识，推动形成简约适度、绿色低碳的生活消费方式。

产品目录篇

河北省建筑垃圾再生产品目录

（第一批）

河北省住房和城乡建设厅
2022 年 9 月

说　明

为推广应用建筑垃圾再生产品，提高再生产品应用比例，促进建筑垃圾资源化利用，省住房城乡建设厅组织编制了《河北省建筑垃圾再生产品目录（第一批）》，旨在方便各地住房城乡建设、城市管理等部门和有关工程建设、设计、施工单位查阅选用。

本目录是在公开征集、企业申报、部门推荐、专家研究的基础上修改完善后形成的，共收录了涉及再生骨料、再生粉料、再生无机混合料、再生砌块砖、再生混凝土及砂浆、再生预制构件、再生沥青混合料等 7 类再生产品。表中，"适用工程（部位）"是按照《建筑垃圾再生产品应用技术规程》（DB13（J）/T 8472—2022）、《河北省建筑垃圾资源化利用技术导则（2022 年版）》（冀建节科函〔2022〕43 号）等标准规范，并借鉴外省市做法列举出的参考用途；"适用标准"是现行的产品标准或相关技术规范。

建设、设计、施工等单位选用产品前，应根据地域气候、使用性质、重要程度和设计年限等特征，在设计图纸、技术方案中明确产品规格型号、性能指标等技术要求，按规定做好材料进场检验验收，确保工程质量安全和使用效果。再生产品生产企业要加强质量内控管理，积极研发适合住房城乡建设行业需求的技术工艺和材料设备。

目录使用中有何意见或建议，可与编制组联系。联系人：郅超 0311-87904570。

河北省建筑垃圾再生产品目录（第一批）

序号	种类	产品名称	利用的建筑垃圾或再生材料	适用工程（部位）	适用标准	生产企业	企业所在地	联系人	联系电话
1	再生骨料类	再生粗骨料（粒径>4.75mm）再生细骨料（粒径≤4.75mm）再生级配骨料	建筑垃圾中的混凝土、砂浆、石或砖瓦等	1. 部分或全部替代天然骨料，作为级配骨料、无机混合料、混凝土、砂浆、砌块等再生产品的原材料。2. 各类工程回填、土地平整、软基处理、基层处理等	《混凝土和砂浆用再生细骨料》GB/T 25176—2010《混凝土用再生粗骨料》GB/T 25177—2010《再生骨料应用技术规程》JGJ/T 240—2011《道路用建筑垃圾再生骨料无机混合料》JC/T 2281—2014	迁安威盛固废环保实业有限公司	唐山市迁安市	陈文跃	19912347579
						保定市满城新型建材科技有限公司	保定市满城区	韩 冬	13582822285
						河北丰汇能源科技有限公司	保定市高阳县	马 鹏	15100289999
						河北道迈建材有限公司	保定市涞水县	李红星	15176256888
						内丘县科冀新型建材有限公司	邢台市内丘县	李海永	15532986528
						沙河市今朝商砼有限公司	邢台市沙河市	张 珂	15133825208
						沧州市市政工程股份有限公司	沧州市新华区	刘金艳	18231729298
						邯郸全有生态建材有限公司	邯郸市高开区	寇全有	13930051888
2	再生粉料类	再生微粉（粒径<75μm）		泥生料和混合材、混凝土和砂浆掺合料	《混凝土和砂浆用再生微粉》JG/T 573—2020《建筑垃圾处理技术标准》CJJ/T 134—2019	保定市满城新型建材科技有限公司	保定市满城区	韩 冬	13582822285
						沙河市今朝商砼有限公司	邢台市沙河市	张 珂	15133825208

河北省建筑垃圾再生产品目录（第一批）

续表

序号	种类	产品名称	利用的建筑垃圾或再生材料	适用工程（部位）	适用标准	生产企业	企业所在地	联系人	联系电话
3	再生无机混合料类	再生骨料（水泥稳定、石灰粉煤灰稳定、水泥粉煤灰稳定）	再生骨料	各交通等级道路路面的底基层；重、中和轻交通道路路面的基层。不宜用于透水型面层材料的基层	《道路用建筑垃圾再生骨料无机混合料》JC/T 2281—2014《建筑垃圾再生集料路面基层施工技术规程》DB13(J)/T 155—2014《公路路面基层施工技术细则》JTG/T F20—2015《城镇道路工程施工与质量验收规范》CJJ 1—2008《公路工程利用建筑垃圾技术规范》JTG/T 2321—2021	河北燕岛环保科技股份有限公司	石家庄市鹿泉区	王诚	13832172114
						迁安威盛固废环保实业有限公司	唐山市迁安市	陈文跃	19912347579
						涞水仁晟汇海水泥制品有限公司	保定市涞水县	卢忠超	18932654102
						河北渣迈建材有限公司	保定市涞水县	李红星	15176256888
						昊陪再生资源利用有限公司	保定市高碑店市	张永新	18603326916
						沧州市市政工程股份有限公司	沧州市新华区	刘金艳	18231729298
						沙河市今朝商砼有限公司	邢台市沙河市	张河	15133825208
						宁晋县宇天建筑垃圾处理服务有限公司	邢台市宁晋县	王青	18032999996
						邯郸全有生态建材有限公司	邯郸市高开区	寇全有	13930051888
						辛集市恭证环保科技有限公司	辛集市	牛群威	15832491234
						沧州市市政工程股份有限公司	沧州市新华区	刘金艳	18231729298
		无机结合料稳定渣土	工程渣土分离渣土	道路底基层					

续表

序号	种类	产品名称	利用的建筑垃圾或再生材料	适用工程（部位）	适用标准	生产企业	企业所在地	联系人	联系电话
4	再生砌块砖类	透水路面砖、地面砖、路缘石、植草砖等铺装材料	再生骨料	1.建筑工程：建筑小区或庭院绿化及人行道、自行车道的路面部位。2.市政工程：人行道、自行车道、景观道路、广场、游园、停车场等代替水泥和石材铺装的面层。3.水务工程：水池（塘）、排水沟、绿化护坡、河岸、绿道、挡土护坡及其他小型工程等。4.园林景观工程：园林景观地面、广场、园路、人行道、登山道、停车场等面层铺装	《透水路面砖和透水路面板》GB/T 25993—2010《再生骨料地面砖和透水砖》CJ/T 400—2012《混凝土路面砖》GB/T 28635—2012《混凝土路缘石》JC 899—2002《植草砖》NY/T 1253—2006	秦皇岛鹏翔环境工程有限公司	秦皇岛市经开区	刘思达	13784516666
						秦皇岛义华环境工程有限公司	秦皇岛市海港区	王义	18503366666
						唐山市开平区磐石天晟环境工程有限公司	唐山市开平区	王阳	13930550881
						保定市佰鑫建材制造有限公司	保定市清苑区	王小乐	13784986666
						保定市绿华环境科技有限公司	保定市清苑区	杨凯	19912130111
						保定市增硕兴再生资源利用有限公司	保定市满城区	任鹏	17631255599
						河北丰汇能源科技有限公司	保定市高阳县	马鹏	15100289999
						昊晤再生资源利用有限公司	保定市高碑店市	张永新	18603326916
						涿州星亚环保科技有限公司	保定市涿州市	田将军	17711717997

续表

序号	种类	产品名称	利用的建筑垃圾或再生材料	适用工程（部位）	适用标准	生产企业	企业所在地	联系人	联系电话
4	再生砌块砖类	混凝土实心砖、混凝土多孔砖、烧结页岩砖、混凝土小型空心砌块、蒸压加气混凝土砌块等砌筑材料	再生骨料	1.建筑工程：建筑墙体、围墙、基础砖胎模、小型配套设施等。2.市政工程：人行步级砌体、基础砖胎膜、护坡、侧石砌体等类似部位。3.水务工程：人工渠道、水污染治理工程、河道整治工程、护坡、码头、河岸等水工砌墙部位	《混凝土实心砖》GB/T 21144—2007《承重混凝土多孔砖》GB/T 25779—2010《建筑垃圾再生骨料实心砖》JG/T 505—2016《非承重混凝土空心砖》GB/T 24492—2009《烧结多孔砖和多孔砌块》GB/T 13544—2011	沧州市市政工程股份有限公司	沧州市新华区	刘金艳	18231729298
						河北金云锦新型建材有限公司	衡水市深州市	张 锋	13831875558
						沙河市今朝商砼有限公司	邢台市沙河市	张 珂	15133825208
						宁晋县宁天建筑垃圾处理服务有限公司	邢台市宁晋县	王 青	18032999996
						邯郸全有生态建材有限公司	邯郸市高开区	寇全有	13930051888
						秦皇岛鹏翔环境工程有限公司	秦皇岛市经开区	刘思达	13784516666
						秦皇岛义华环境工程有限公司	秦皇岛市海港区	王 义	18503366666
						唐山市开平区磐石天晟环境工程有限公司	唐山市开平区	王 阳	13930550881
						保定市佰鑫建材制造有限公司	保定市清苑区	王小乐	13784986666
						高碑店市会青新型建筑材料有限公司	保定市高碑店市	田将军	17717179997

45

续表

序号	种类	产品名称	利用的建筑垃圾或再生材料	适用工程（部位）	适用标准	生产企业	企业所在地	联系人	联系电话
4	再生砌块砖类	混凝土实心砖、混凝土多孔砖、烧结页岩砖、混凝土小型空心砌块、蒸压加气混凝土砌块等砌筑材料	再生骨料	4.景观工程：花池、景墙、小品、小型亭廊、花架、水池（塘）、排水沟及其他小型工程	《烧结空心砖和空心砌块》GB/T 13545—2014	涿州星亚环保科技有限公司	保定市涿州市	魏海军	13032086800
					《非烧结垃圾尾矿砖》JC/T 422—2007	沧州市市政工程股份有限公司	沧州市新华区	刘金艳	18231729298
					《蒸压灰砂多孔砖》JC/T 637—2009	河北金云锦新型建材有限公司	衡水市深州市	张　锋	13831875558
					《普通混凝土小型砌块》GB/T 8239—2014	衡水新伟建材有限公司	衡水市桃城区	张会朝	13833871525
					《轻集料混凝土小型空心砌块》GB/T 15229—2011	沙河市今朝商砼有限公司	邢台市沙河市	张　珂	15133825208
					《蒸压加气混凝土砌块》GB/T 11968—2020	广宗县圆成新型建材有限公司	邢台市广宗县	范五彪	18931917988
					《生态护坡和干垒挡土墙用混凝土砌块》JC/T 2094—2021	宁晋县宇天建筑垃圾处理服务有限公司	邢台市宁晋县	王　青	18032999996
					《砌体结构工程施工规范》GB 50003—2011《砌体结构工程施工质量验收规范》GB 50203—2011	邯郸全有生态建材有限公司	邯郸市高开区	寇全有	13930051888

续表

序号	种类	产品名称	利用的建筑垃圾或再生材料	适用工程（部位）	适用标准	生产企业	企业所在地	联系人	联系电话
5	再生混凝土及砂浆类	再生骨料混凝土	再生骨料（不含来源于轻骨料混凝土或加气混凝土的再生骨料）	1. 建筑工程：再生混凝土房屋适用于《建筑抗震设计规范》GB 50011 中的丙类、丁类建筑；再生混凝土结构不建议用于设计使用年限大于50年的建筑工程。2. 市政工程：道路工程、给排水工程、电气工程、燃气工程等类市政工程附属设施及相关部位。3. 水务工程：水资源利用及供水保障、防洪减灾、水污染治理、河道整治及水土保持工程等水务工程。4. 景观工程：地面工程、广场、园路、人行道、登山道、花池、景墙、小品、小型亭榭、花架、停车场、水池（塘）、排水沟及其他小型工程	《预拌混凝土》GB/T 14902—2012《混凝土质量控制标准》GB 50164—2011《混凝土结构设计规范》GB 50010—2010《混凝土结构耐久性设计规范》GB/T 50476—2019《普通混凝土配合比设计规程》JGJ 55—2011《混凝土结构工程施工质量验收规范》GB 50204—2015《砌体结构设计规范》GB 50003—2011	河北燕岛环保科技股份有限公司	石家庄市鹿泉区	王　诚	13832172114
						唐山市丰润区润腾建筑垃圾处理有限公司	唐山市丰润区	赵红润	15930851111
						沙河市今朝商砼有限公司	邢台沙河市	张　河	15133825208
						广宗县圆成新型建材有限公司	邢台市广宗县	范五彪	18931917988
		再生骨料砂浆（砌筑、抹灰、地面）			《工程施工废弃物再生利用技术规范》GB/T 50743—2012《城镇道路工程施工与质量验收规范》CJJ 1—2008《砌筑砂浆配合比设计规程》JGJ/T 98—2010《预拌砂浆》GB/T 25181—2010《抹灰砂浆技术规程》JGJ/T 220—2010	辛集市恭证环保科技有限公司	辛集市	牛群威	15832491234
						唐山市丰润区润腾建筑垃圾处理有限公司	唐山市丰润区	赵红润	15930851111
						沙河市今朝商砼有限公司	邢台沙河市	张　河	15133825208
						广宗县圆成新型建材有限公司	邢台市广宗县	范五彪	18931917988

续表

序号	种类	产品名称	利用的建筑垃圾或再生材料	适用工程（部位）	适用标准	生产企业	企业所在地	联系人	联系电话
6	再生预制构件类	预制混凝土墙板	再生骨料	建筑内的非承重墙体	《灰渣混凝土空心隔墙板》GB/T 23449—2009《建筑废弃物再生制品技术要求》DB13/T 1830—2013《装配式混凝土建筑技术标准》GB/T 51231—2016	邯郸市丛台区宗楼建筑有限公司	邯郸市丛台区	张宗楼	13930028006
7	再生沥青混合料类	泡沫沥青冷再生、水泥冷再生、乳化沥青冷再生混合料	回收的沥青路面材料	道路基层	《再生沥青混凝土》GB/T 25033—2010《城镇道路沥青路面再生利用技术规程》CJJ/T 43—2014《公路沥青路面再生技术规范》JTG/T 5521—2019《城镇道路工程施工与质量验收规范》CJJ 1—2008	沧州市市政工程股份有限公司	沧州市新华区	刘金艳	18231729298
		厂拌热再生、厂拌温再生沥青混合料		道路面层					

河北省建筑垃圾再生产品目录

（第二批）

河北省住房和城乡建设厅
2022年12月

说　明

为推广应用建筑垃圾再生产品，促进建筑垃圾资源化利用，省住房城乡建设厅在《河北省建筑垃圾再生产品目录（第一批）》基础上，经进一步广泛征集、各地推荐，继续组织编制了《河北省建筑垃圾再生产品目录（第二批）》，供各地住房城乡建设、城市管理等部门和有关工程建设、设计、施工单位查阅选用。

本批目录收录了再生骨料、再生无机混合料、再生砌块砖、再生沥青混合料等4类建筑垃圾再生产品。表中"适用工程（部位）"是按照《建筑垃圾再生产品应用技术规程》（DB13（J）/T 8472—2022）、《河北省建筑垃圾资源化利用技术导则（2022年版）》（冀建节科函〔2022〕43号）等标准规范，并借鉴外省市做法列举的参考用途；"适用标准"是现行的产品标准或相关技术规范。

有关建设、设计、施工等单位选用产品前，应根据地域气候、使用性质、重要程度和设计年限等特征，在设计图纸、技术方案中明确产品规格型号、性能指标等技术要求，按规定做好材料进场检验验收，确保工程质量安全和使用效果。再生产品生产企业要加强质量内控管理，积极研发适合住房城乡建设行业需求的技术工艺和材料设备。

目录使用中有何意见或建议，可与编制组联系。联系人：郅超 0311-87904570。

河北省建筑垃圾再生产品目录（第二批）

序号	种类	产品名称	利用的建筑垃圾或再生材料	适用工程（部位）	适用标准	生产企业	企业所在地	联系人	联系电话
1	再生骨料类	再生粗骨料（粒径>4.75mm）再生细骨料（粒径≤4.75mm）再生级配骨料	建筑垃圾中的混凝土、砂浆、石或砖瓦等	部分或全部替代天然骨料，作为级配无机混合料、砂浆、砌块等再生产品的原材料；工程回填、土地平整、基层处理、软基处理等	《混凝土和砂浆用再生细骨料》GB/T 25176—2010《混凝土用再生粗骨料》GB/T 25177—2010《再生骨料应用技术规程》JGJ/T 240—2011《道路用建筑垃圾再生无机混合料》JC/T 2281—2014	秦皇岛市红正新型建材科技有限公司	秦皇岛市抚宁区	邹建行	18603392377
						唐山琳贯八荒建材有限公司	唐山市丰南区	王素秋	13463518488
						河北金吉徇建材制造有限公司	保定市莲池区	郭春玲	18932680777
						河北泰华再生资源利用有限公司	保定市清苑区	刘明乐	13021407777
						博野县绿源建材制造有限公司	保定市博野县	沙 彬	15188750888
2	再生无机混合料类	再生骨料无机（水泥）混合料（水泥稳定、石灰稳定、煤灰稳定、水泥粉煤灰稳定）	再生骨料	各交通等级道路路面的底基层；重、中和轻交通道路路面基层；不宜用于透水型面层材料的基层	《道路用建筑垃圾再生无机混合料》JC/T 2281—2014《建筑垃圾再生集料路面基层施工技术规程》DB13(J)/T 155—2014	河北洁城新型建材有限公司	石家庄市长安区	董卫东	18932916638
						河北耀骏建材有限公司	石家庄市行唐县	黄伟峰	18632195445
		无机结合料稳定渣土	工程渣土分离渣土	道路底基层	《公路工程利用建筑垃圾技术规范》JTG/T 2321—2021	唐山琳贯八荒建材有限公司	唐山市丰南区	王素秋	13463518488
						河北金吉徇建材制造有限公司	保定市莲池区	郭春玲	18932680777

续表

序号	种类	产品名称	利用的建筑垃圾或再生材料	适用工程（部位）	适用标准	生产企业	企业所在地	联系人	联系电话
3	再生砌块砖类	混凝土实心砖、烧结普通砖、轻集料混凝土小型空心砌块、蒸压加气混凝土砌块、复合保温砌块等砌筑材料	再生骨料	建筑墙体、围墙、基础砖胎膜、小型配套设施；护坡砌体、人工渠道、码头、河岸等水工砌墙、花池、景墙、小品、小型亭廊、花架、水池（塘）、排水沟及其他小型工程	《混凝土实心砖》GB/T 21144—2007 《建筑垃圾再生骨料实心砖》JG/T 505—2016 《烧结普通砖》GB/T 5101—2017 《轻集料混凝土小型空心砌块》GB/T 15229—2011 《蒸压加气混凝土砌块》GB/T 11968—2020 《复合保温砌块和复合保温砌块》GB/T 29060—2012	河北金吉翎建材制造有限公司	保定市莲池区	郭春玲	18932680777
						河北泰华再生资源利用有限公司	保定市清苑区	刘明乐	13021407777
						易县源德建材有限公司	保定市易县	吴淼	18233224916
						涿州市瑞福建材有限公司	保定市涿州市	贾艳凯	13911834608
4	再生沥青混合料类	厂拌热再生沥青混合料	回收的沥青路面材料	道路面层	《再生沥青混凝土》GB/T 25033—2010 《城镇道路沥青路面再生利用技术规程》CJJ/T 43—2014 《公路沥青路面再生技术规范》JTG/T 5521—2019	河北洁城新型建材有限公司	石家庄市长安区	董卫东	18932916638

典型案例篇

河北省建筑垃圾再生利用典型案例

（第一批）

一、再生产品利用典型工程——沧州市永济路（迎宾大道—鞠官屯泵站）提升改造工程——道路排水工程

（一）案例简介

沧州市永济路（迎宾大道—鞠官屯泵站）提升改造工程——道路排水工程，采用"全厚式再生型路面结构"以及"海绵体人行道"，打破传统路面结构设计，将综合稳定工程渣土、水泥稳定再生碎石、泡沫沥青温拌再生SMA混合料、废食用油温拌再生沥青混合料、再生级配骨料5种建筑垃圾再生产品集成应用于道路工程结构层中，实现了资源循环利用。项目施工单位为沧州市市政工程股份有限公司，再生产品生产单位为沧州市华通再生资源利用有限公司（图1）。

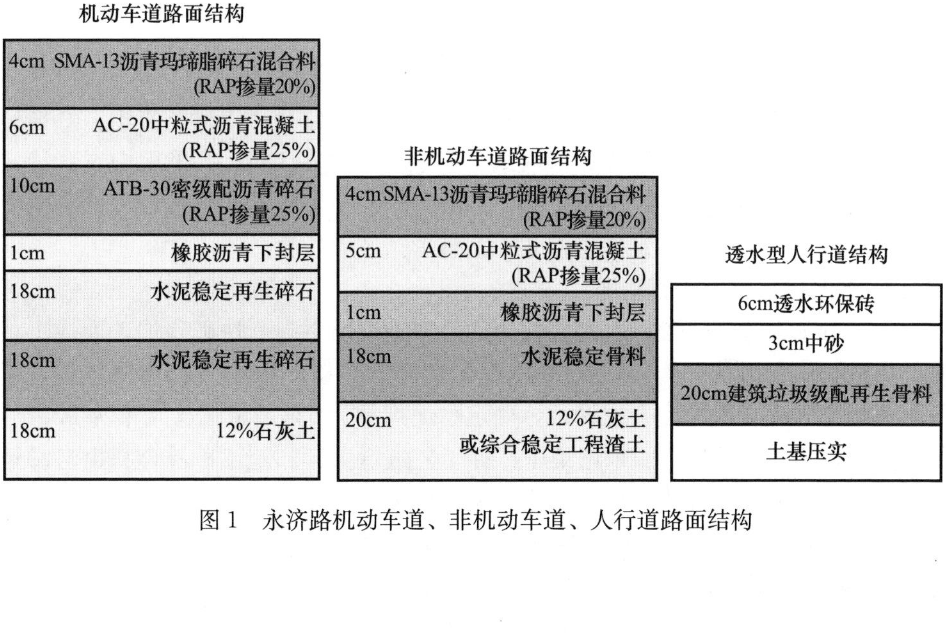

机动车道路面结构

4cm	SMA-13沥青玛琋脂碎石混合料（RAP掺量20%）
6cm	AC-20中粒式沥青混凝土（RAP掺量25%）
10cm	ATB-30密级配沥青碎石（RAP掺量25%）
1cm	橡胶沥青下封层
18cm	水泥稳定再生碎石
18cm	水泥稳定再生碎石
18cm	12%石灰土

非机动车道路面结构

4cm	SMA-13沥青玛琋脂碎石混合料（RAP掺量20%）
5cm	AC-20中粒式沥青混凝土（RAP掺量25%）
1cm	橡胶沥青下封层
18cm	水泥稳定骨料
20cm	12%石灰土或综合稳定工程渣土

透水型人行道结构

6cm	透水环保砖
3cm	中砂
20cm	建筑垃圾级配再生骨料
	土基压实

图1 永济路机动车道、非机动车道、人行道路面结构

（二）主要做法

1. 综合稳定工程渣土底基层

本工程开槽施工时产生大量的工程渣土，检测确定工程渣土液限为33.4%，塑限为21.8%，塑性指数为11.6，满足工程用土要求。根据非机动车底基层强度设计要求，最终确定采用BJ-G2环保型液态固化剂与石灰、水泥复合稳定工程渣土，确定的配合比为石灰∶水泥∶土∶固化剂＝8%∶2%∶89.99%∶0.01%。综合稳定工程渣土与传统的石灰土底基层相比，减少了无机结合料的用量，具有较好的承载力和整体稳定性（图2）。

图2 综合稳定渣土底基层施工

综合稳定渣土底基层采用路拌法施工，具体做法包括：①摊铺渣土；②摊铺石灰，实际采用的石灰剂量应比室内试验确定的剂量多1%；③采用中置式稳定土拌和机进行石灰土拌和，采用挖掘机排压1～2遍；④人工撒布水泥；⑤喷洒固化剂稀释液；⑥综合稳定渣土拌和；⑦整形；⑧碾压。

2. 水泥稳定再生碎石基层

本工程水泥稳定再生碎石基层使用的骨料为废旧混凝土块破碎加工而成。将破碎后的再生骨料筛分为0～5mm、5～10mm、10～31.5mm三档不同粒径，进行水泥稳定再生骨料的配合比设计，确定水泥剂量为5%，最佳含水率为5.6%，最大干密度为2.11g/cm³。采用集中厂拌工艺进行生产和施工，混合料由自卸运输车运输至施工现场并进行覆盖。采用摊铺机摊铺，专业压路机碾压，碾压组合为：22t振动压路机静压2遍后振压4～6遍，然后21t三轮压路机碾压2遍。

3. 废食用油温拌再生沥青混合料中下面层

废食用油温拌再生沥青混合料是由废食用油基沥青再生剂与RAP、新矿料、新沥青等采用泡沫沥青温拌工艺拌和而成。本工程机动车道和非机动车道中下面层 AC-20C 和 ATB-30 混合料中应用了温拌废食用油再生沥青混合料，RAP 掺量为 25%，废食用油基沥青再生剂掺量为 8%（再生剂与 RAP 中旧沥青的比例）。废食用油温拌再生混合料在保证再生沥青混合料优越的高温稳定性的同时，提高了再生沥青混合料的低温抗裂性能，综合性能优越（图3、图4）。

图 3　水泥稳定再生碎石生产设备　　　图 4　水泥稳定再生碎石基层施工

混合料生产采用配套安装有液态再生剂添加系统和间歇式沥青发泡装置的厂拌热再生沥青拌和设备进行生产，根据预先确定的再生料添加比例及搅拌主机的实际生产能力，确定每盘需要添加 RAP 和废食用油的质量。发泡用水量为新沥青用量的 1%，RAP 加热温度控制在 90～110℃，新骨料的加热温度比热拌工艺的骨料加热温度降低 20～30℃，新沥青加热温度为 150～160℃，混合料出料温度为 125～140℃。施工时混合料的摊铺温度不低于 115℃，开始碾压温度不低于 110℃，碾压终了温度不低于 70℃（图5～图7）。

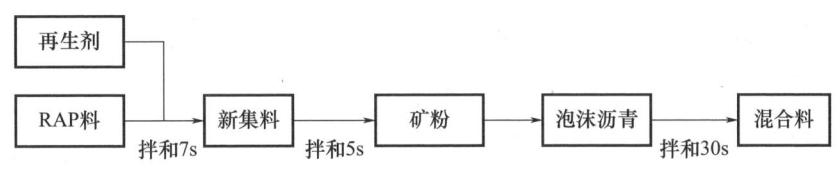

图 5　生产投料顺序

图 6　沥青混合料拌和设备　　　图 7　混合料中面层施工

4. 泡沫沥青温拌再生 SMA 混合料上面层

本工程上面层 SMA-13 混合料中掺加了 20% 的废旧改性沥青混合料，并采用泡沫沥青温拌工艺进行生产施工，混合料最佳油石比为 6.0%。该技术综合了 SMA、泡沫沥青温拌、沥青路面再生技术的多重优势，实现了旧改性沥青混合料的再生利用以及再生混合料应用层位提高至表面层等技术突破，同时成型后的行车道面层抗滑、降噪、行车舒适，综合性能优越。

混合料生产采用配套安装有间歇式沥青发泡装置的厂拌热再生沥青拌和设备生产，生产时设定发泡用水量为新 SBS 改性沥青用量的 1.5%。生产时严格按照要求进行各环节的温度控制，混合料拌和均匀。混合料碾压施工时采用高频率、低振幅的方式慢速碾压，初压采用刚性静碾压，复压采用双钢轮压路机碾压 4～6 遍，终压紧接复压之后进行，以消除轮迹，既保证足够的碾压遍数，又避免过碾压，造成沥青玛蹄脂上浮。混合料的摊铺温度不低于 140℃，开始碾压温度不低于 135℃，碾压终了温度不低于 90℃（表 1、图 8、图 9）。

表 1　泡沫沥青温拌再生 SMA 混合料生产过程温度控制（℃）

混合料类型	RAP 加热温度	沥青加热温度	新骨料加热温度	混合料出料温度
温拌再生 SMA	90～110	165～175	175～185	150～165

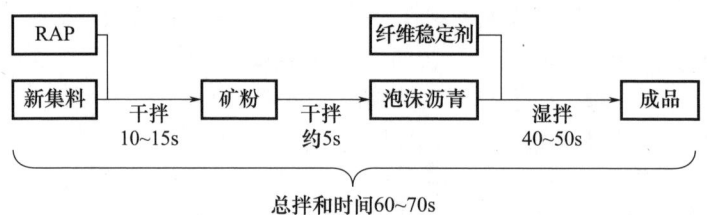

图 8　投料顺序与拌和时间

图 9　泡沫沥青温拌再生 SMA-13 混合料上面层摊铺、碾压

5. 海绵体人行道

该工程的人行道采用了透水型的结构设计，即6cm厚的透水型环保砖＋3cm中砂垫层＋20cm再生级配骨料基层＋路基。利用再生级配骨料吸水率高、渗透系数大的特点，将其替代天然级配碎石用作透水型人行道基层，构建城市海绵体，有效缓解城市"热岛效应"，调节城市温度和湿度（图10、图11）。

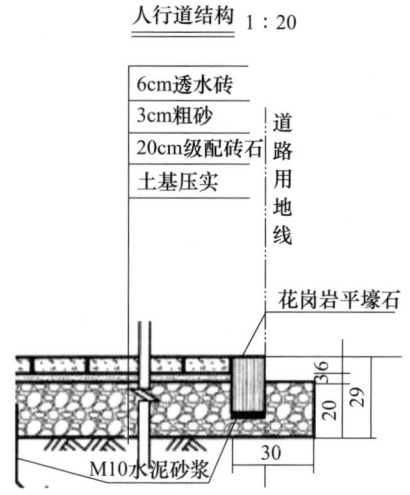

图10　永济路透水型人行道结构

图11　成型后的海绵体人行道

路基压实后，由挖掘机和装载机配合人工将0～31.5mm粒径符合一定级配的再生骨料摊铺平整，松铺系数为1.3，控制虚铺厚度26cm。碾压采用小双钢轮振动压路机碾压4遍，至要求的密实度。上铺3cm中砂垫层，垫层提前洒水湿润，纵横挂线铺设6cm厚透水环保砖。

（三）工作成效

1. 社会效益

工程建造过程中综合利用多种建筑垃圾再生产品，使建筑垃圾得到合理、高效、可持续的再生利用，节约天然砂石和新沥青等不可再生资源，有效解决建筑垃圾弃置造成的环境污染和占用土地等问题，避免"垃圾围城"。经测算，每再生利用1t建筑垃圾或工程渣土，可降碳10.81kg；每生产1t再生沥青混合料，可降碳61.70kg，降碳减碳效果显著。工程实现了降耗、减排、节能、环保的目标，有利于减轻环境负荷，优化城市发展环境，对生态文明建设和"双碳"目标的实现意义重大。

2. 项目评价

本工程是道路工程领域大规模综合应用建筑垃圾再生产品的典型代表，被评为国家优质工程、市政工程最高质量水平评价工程、"十三五"国家重点研发计划"绿色建筑及建筑工业化"重点专项科技示范工程、河北省建设科技示范工程，荣获河北省建筑业科技进步奖一等奖。

按照《河北省建筑垃圾再生产品目录》分类标准，本工程共应用3大类5项建筑垃圾再生产品，具体用量见表2。工程中再生产品的应用，为河北省住建厅发布的《河北省建筑垃圾再生产品目录（第一批）》提供了实际工程应用的数据支撑。本工程中应用的建筑垃圾处理工艺、再生产品应用技术等经验做法，均可在我省范围内复制推广，促进全省绿色高质量发展。

表2 再生利用产品类型及用量明细表

序号	种类	再生产品名称	用量
1	再生无机混合料类	综合稳定工程渣土	1.7万t
2		水泥稳定再生骨料	0.4万t
3	再生沥青混合料类	泡沫沥青温拌再生SMA混合料	3.5万t
4		废食用油温拌再生沥青混合料	11.9万t
5	再生骨料类	再生级配骨料	1.9万t

（四）经验启示

1. 建筑垃圾来源多变、成分复杂，应加强建筑垃圾源头控制，对建筑垃圾进行分类收集和存放，以减轻后续的资源化利用难度，提高资源化利用率，确保再生产品品质。

2. 建筑垃圾成分复杂、变异性大，应根据建筑垃圾的不同来源和成分，加工成不同类型的再生产品，然后根据其特性分类分级再生利用，保证再生产品性能满足设计和各项标准指标要求。

3. 应加强建筑垃圾相关标准的制定，建立标准体系，便于进一步推广应用。

4. 建筑垃圾资源化再利用的关键在于再生产品的产业化、规模化应用，打通建筑垃圾消纳的"最后一公里"，避免了建筑垃圾再生产品因销路不畅通而变为另一种垃圾。

二、多种固废协同处置模式——迁安威盛全固废混凝土

（一）案例简介

迁安威盛冶金固废、建筑固废处理及商品混凝土生产项目利用城市建筑固废，综合钢铁企业冶金固废、电厂钢厂脱硫石膏等工业固废，建设有建筑固废处理生产线1条，混凝土搅拌生产线1条，胶凝材料生产线1条，钢渣处理生产线1条，脱硫石膏及铁尾矿处理生产线1条，形成年处理60万m^3城市建筑固废，生产60万m^3商品混凝土，年综合处置230万t冶金固废，年产200万t胶凝材料的大宗固废综合处置模式。

（二）主要做法

1. 建筑固废制备骨料

城市建筑固废处置以生产再生骨料为主。进场建筑垃圾根据要求按类存放，设置了不同类别的进料口，建筑垃圾经过分选剔出杂质后，按建材产品的要求生产出各种粒径的再生骨料存至骨料堆，工艺设计可以满足各种再生产品在粒径、泥土、微粉和杂质含量等方面的要求。再生骨料生产工艺如下：

（1）人工粗分

建筑垃圾进厂后，按废砖瓦、废混凝土、槽坑土和装修渣土运至各存储仓，也可以根据生产安排直接送往生产线料斗。对来料进行人工粗分，设置六个工位，挑拣出建筑垃圾中的大块物件、危险废物和不适于粉碎的异物，如有可回收物品则进行回收。粗选有利于提高后续设备生产的品质和精度。

（2）上料

物料经铲车上料至给料器，给料器均匀地将物料送入破碎机。

（3）破碎及筛分

破碎后骨料由皮带输送至振动筛分机，在皮带中部设置跨带式磁选机，破碎后物料经磁选机除铁后进入成品振动筛。振动筛分机设置为三层筛网，可分选出三种再生骨料，粒径分别为0~5mm、5~25mm、25~37.5mm的骨料，其中5~25mm、25~37.5mm的骨料利用风选机进行除杂，避免轻质物在骨料内留存。筛上物料（>37.5mm）进入破碎机进行破碎，破碎后的物料返回筛分机进行筛分。筛分过程中向筛分机内加入水，起到去除物料表面附着尘土的作用，清

洗废水循环利用不外排，污泥送胶凝材料生产线进行制作胶凝材料。

（4）主要生产设备

设备名称	型号、规格	台数
棒条给料机	GDF0832	1
反击式破碎机	HS1208P	1
振动筛分机	3YKR1645H	1
	2YKR1645H	1
立轴冲击式破碎机	VS1300R	1

2. 全固废高性能混凝土

利用再生骨料作为部分或全部骨料配制再生混凝土。全固废混凝土由建筑固废处置生产线自产的砂石骨料和自产的冶金固废胶凝材料经计量配料进入搅拌机制备而成。砂石骨料采用密闭管路运输，冶金固废胶凝材料由成品仓汽车运输至城市建筑固废胶凝材料中间仓，输送至计量仓过程采用气力运输，物料进入同时加水进行搅拌。物料与水在搅拌机内混合均匀，送入混凝土仓。混凝土仓落料斗伸入罐车落料口内，装入混凝土运输车中，送往施工工地使用。运输后的罐车返回洗车平台进行清洗。

固废基胶凝材料由矿渣、钢渣、脱硫石膏及铁尾矿砂按照约1∶1∶0.3的比例生产，该胶凝材料可全部或部分取代水泥使用，是一种新型环保低碳胶凝材料，性能指标满足《固废基胶凝材料应用技术规程》（T/CECS 689—2020）要求。全固废混凝土由固废基胶凝材料和再生骨料组成，原料配比：胶凝材料∶建筑固废约为1∶6，全固废混凝土性能指标满足《全固废高性能混凝土应用技术标准》（DB13（J）/T 8385—2020）（图1、图2）。

图1　再生骨料、固废基胶凝材料生产线

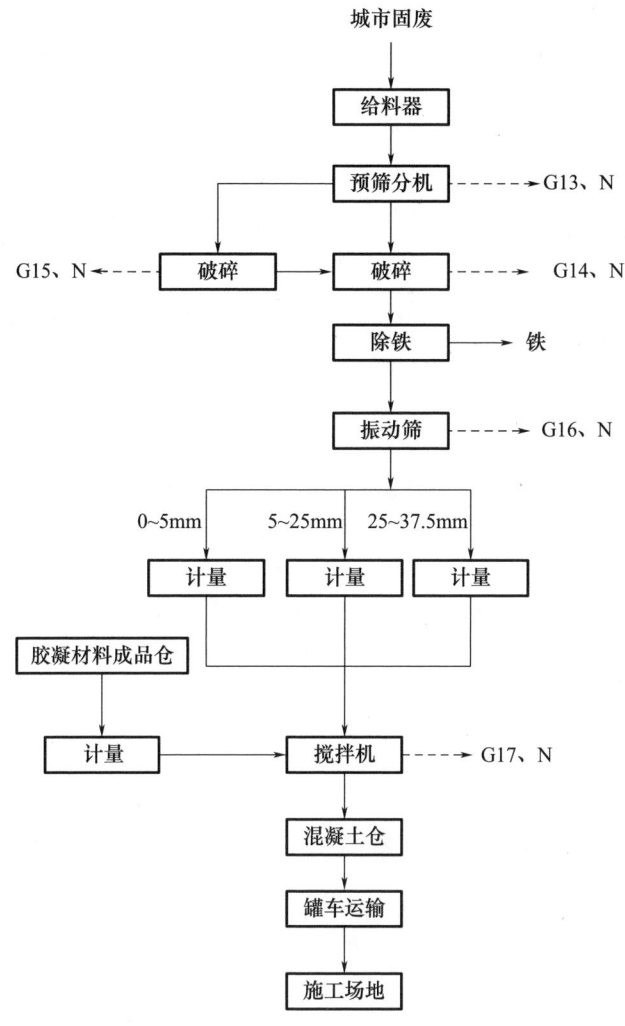

图 2 全固废混凝土生产工艺

3. 道路用再生无机料

道路用再生无机料主要原料是粗骨料、细骨料、水泥、外加剂，经由给料机输送到混合机，混合后的产物由输送带输送处理。

配料计量：不同粒级的再生骨料由装载机运至骨料配料工段，并卸入配料仓中，由弧门给料器向皮带称量机供料。水泥、外加剂通过螺旋输送机给料，通过调速定量给料机计量后，输送至配料仓中。水配料通过水泵、止回阀和贮水斗后进入水称斗称量。

搅拌出料：骨料、粉料、水、外加剂称量完毕后，经由卸料装置分别进入搅拌机搅拌，搅拌 3~5min 后进行和易性测试，测试合格后进入出料工段。搅拌平台下部装有料仓，搅拌好的混凝土卸入料仓，料仓底部装有出料斗，可直接装料上车（图 3）。

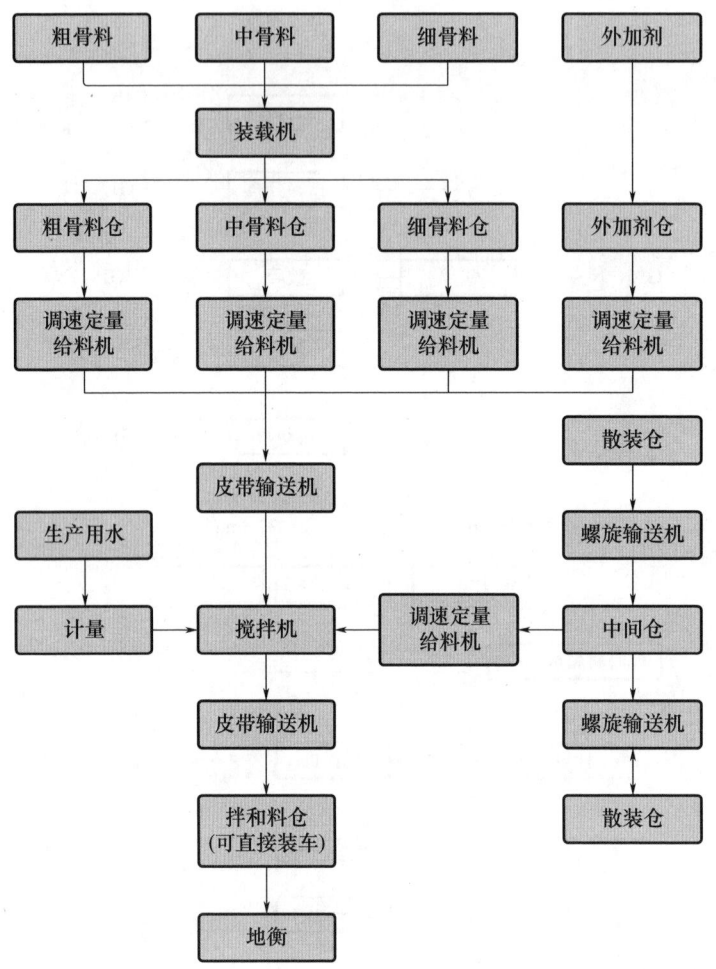

图 3 道路用再生无机料生产工艺

（三）工作成效

1. 使用建筑垃圾再生砂石骨料，替代部分外购的碎石，用于生产商品混凝土，供应首钢股份高端硅钢厂房工程，九江线材有限公司高炉、电炉桩基工程，迁安市农村人居生态环境治理工程，累计消纳建筑固废 40 万 m^3，产生经济效益 1160 万元。

2. 项目的建设和运营对当地经济、社会建设起到良好的带动作用，提升了当地工业技术水平，促进了相关行业发展，增加政府财力，推进基础设施建设，增加就业、改善民生，为促进当地社会、经济、环境的和谐发展作出积极贡献。

（四）经验启示

1. 建筑垃圾再生利用生产线规模不宜过大。建筑垃圾产生量并不连续，且建筑垃圾成分复杂。目前，建筑垃圾资源化处理场在进料环节面临两个痛点，一是质量低；二是"吃不饱"。因此资源化处理厂建设时应该充分调研，实现区位匹配。

2. 固体废弃物的资源化利用应结合当地特点。唐山地区具有丰富的冶金固废资源，本案例契合循环经济发展理念，对冶金固废、矿山尾矿、建筑固废等进行资源化、无害化处置，形成钢铁行业固废与建材行业原材料应用的闭环管理。

3. 全固废混凝土的利用模式具有可复制性。"全固废胶凝"技术，以多种工业固废为原材料，制造新型、节能、绿色、环保的高性能混凝土用胶凝材料，可替代传统水泥，在冶金固废资源丰富地区具有可复制性。

三、建筑固废综合利用典型——秦皇岛红正建材再生基地项目

（一）案例简介

秦皇岛市红正新型建材科技有限公司再生基地，总投资 2.75 亿元，位于秦皇岛市抚宁经济开发区，占地 102 亩（1 亩≈666.67m²），2020 年 1 月获批新能源类省重点项目（图1）。建有固体废弃物再生生产线 1 条、德国策尼特路面砖生产线 1 条、路缘石生产线 1 条、180 预拌混凝土生产线 2 条、水泥稳定料生产线 1 条、废弃沥青混凝土再生生产线 1 条，可集约处理沥青铣刨料、建筑垃圾、尾矿、钢渣等废弃材料，并再生出满足市政、道路、水利、房建工程需求的优质骨料、沥青混合再生料、再生骨料透水砖、路缘石、商品混凝土及水稳料等产品，实现建筑垃圾资源化 100％回收利用。

图 1　秦皇岛红正建材再生基地

（二）主要做法

1. 建筑固废再生骨料生产线

通过分级破碎、立轴整形等工艺，生产优质再生骨料，固废生产线年处理各类建筑垃圾、工业固废超 100 万 t。采用德国先进的设备和技术工艺，将铣刨料、废弃混凝土等建筑垃圾，经铲车上料，经入料仓、给料机至颚式破碎机，再经皮带输送至重型筛分机筛分，筛下物通过皮带机输送到渣土仓堆放，筛上物通过皮带机输送到正压轻质物分离器，将杂质清除，后经人工捡拾皮带手动去除碎石中剩余杂质，再经圆锥破、筛分进一步加工，合格后经提升斗送至原料储池备用（图 2）。生产工艺如下：

（1）一次破碎：将建筑垃圾进行初次破碎，然后进行磁选和初次筛分，分离钢筋和杂土。（2）磁选：通过除铁器将建筑垃圾中的钢筋分离出来。（3）筛分：将杂土从建筑垃圾中分离出来。（4）二次破碎：二次破碎后先进行轻物质的分离，再通过专业的筛分系统，将剩下的建筑垃圾按一定的标准筛分出各类型的建筑原材料。（5）立轴整形：将二次整型后的再生骨料进行整形处理，确保料型。（6）风选：在二次破碎后通过风选将建筑垃圾中的轻物质分离出来。（7）分级：经过整形后的骨料通过振动筛、筛分分级，输送皮带把分级后的各档骨料输送到指定储料仓。（8）设备主机全封闭并配置了先进的负压除尘设备，车间内环保达标。生产的再生骨料干净、无粉尘，料型规整。

图 2 再生骨料

2. 建筑固废再生砖生产线

采用德国策尼特公司最新研发的顶级智能化生产设备——ZN1500C 型全自动砌砖成型机，可生产各种空心砖、铺路砖、透水砖和实心砖等标准混凝土制品，以及多种非标准特殊制品、园林景观产品等（图 3）。所生产各类路面砖外观精美、边角清晰、线条整齐、整体质感均匀一致；色泽自然、持久；透水性好、防滑功能强、使用寿命长；抗冻性能和耐油抗盐碱性高；不易破裂，通过外检、自检试验，抗压强度大于 40MPa、防滑性能在 60BPN 以上、透水系数 1.5

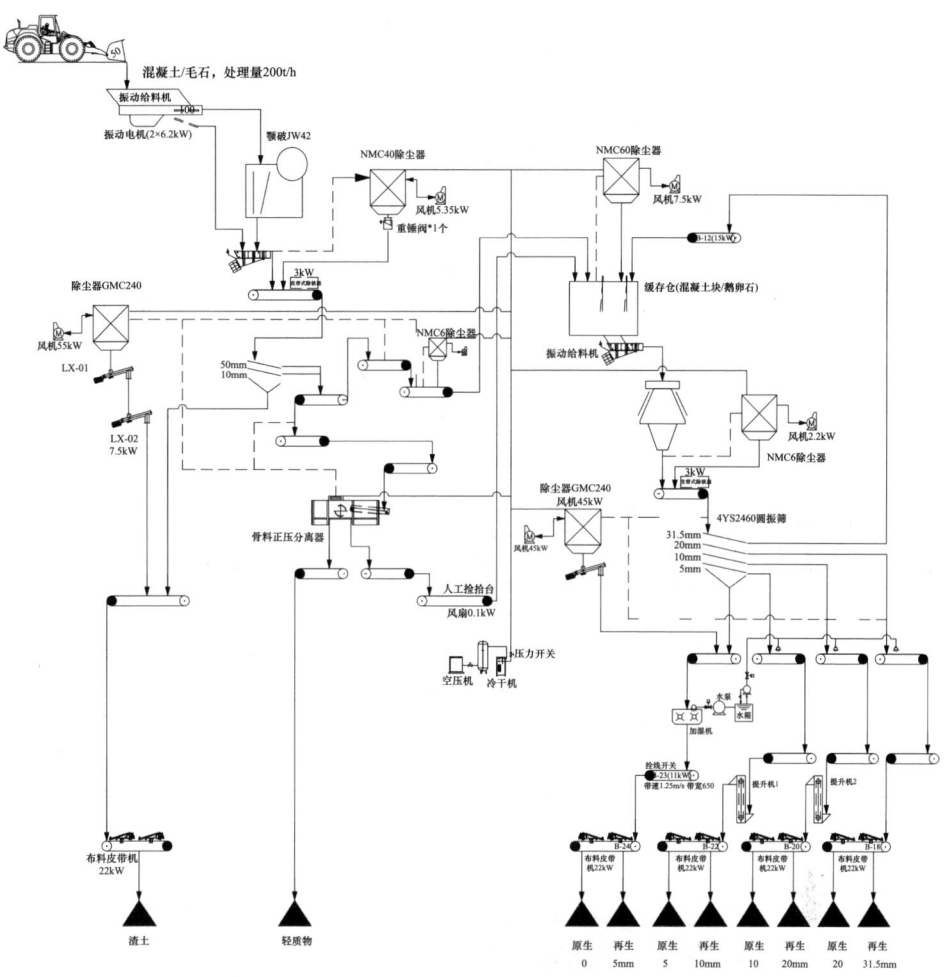

图 3 再生骨料生产流程图

以上,符合现行《透水路面砖和透水路面板》GB/T 25993 标准。

再生骨料透水砖特点:(1)采用再生骨料作为底层原料,钢渣等工业固废原料作为面层料;(2)强度高、抗折性好、表面耐磨,使用寿命长;(3)具有高透水、透气性能,可使雨水迅速渗入地下,补充土壤水和地下水;(4)可减轻城市排水和防洪压力;(5)降低车辆行驶时产生的噪声,创造安静舒适的生活和交通环境(图 4、图 5)。

3. 建筑固废再生混凝土

采用国内 HZS 180 混凝土生产线,自动化程度及生产能力高、称量精度准、搅拌质量好、性能稳定、能耗低,能实现多仓号、多配合比,不间断连续作业。高效节能,整机全环保设计,设备主体全包封,绿色环保,符合国家标准要求。双螺带搅拌主机,搅拌时间短,最高理论生产率可达 150m³/h,标况下可节能

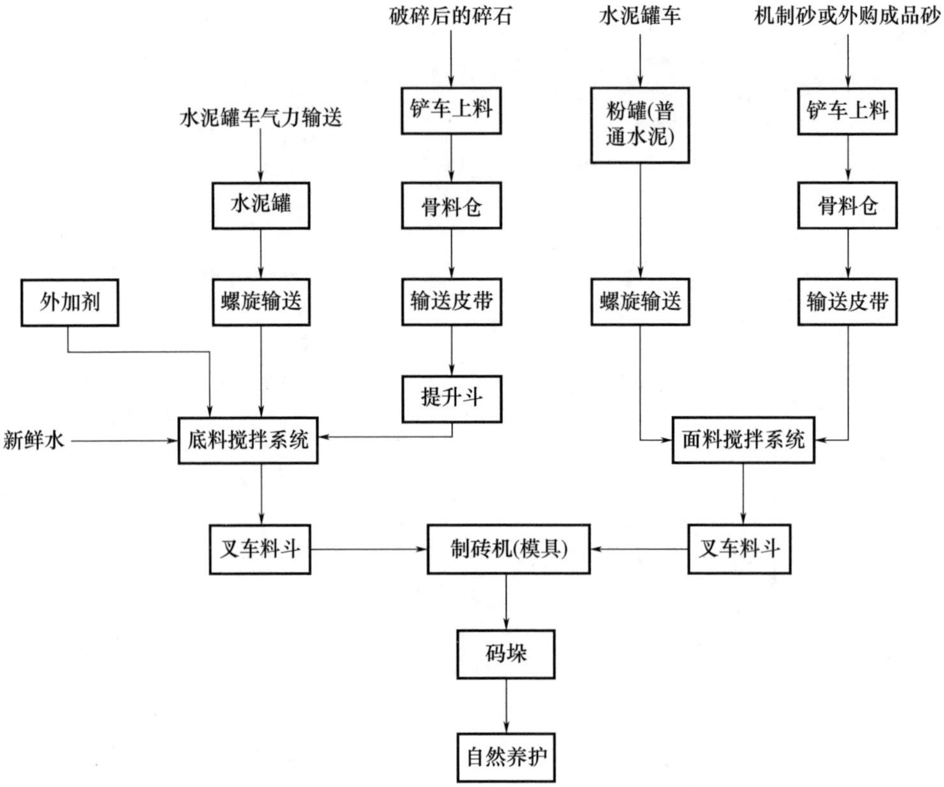

图 4　再生砖生产流程图

图 5　再生骨料透水砖

20%。内置脉冲除尘器,有效减少粉尘排放,水泥采用螺旋输送或空气溜槽密闭输送,碎石骨料至骨料仓投料处设置集气罩对粉尘进行收集,引入布袋除尘器处理后,可进一步收集利用到相关产品中(图6)。

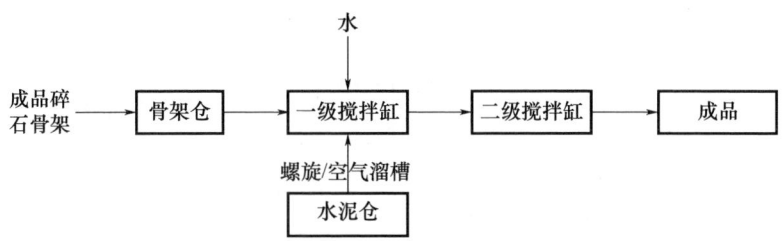

图 6　水泥混凝土、水稳混凝土生产工艺流程图

4. 建筑固废再生水稳料

水稳料所需原料与水泥混凝土基本一致，只是原料配比有差异，水泥仓到搅拌缸的输送方式为螺旋输送，采用获得国家专利技术的变频螺旋计量方式，为国内首家，有效保证称重的稳定性和精确性，整个过程处于全封闭状态，无污染，无浪费，环保性能优异。再生骨料由骨料仓至一级搅拌缸物料输送使用密闭传送，无粉尘外溢；后续一级、二级搅拌缸加水作业，无粉尘产生。环保标准见表1。

表 1　环保标准

粉尘排放	≤20mg/Nm^3
烟气黑度	达到林格曼一级
环境噪声（距离 30m）	≤75dB
控制室内噪声	≤65dB

5. 建筑固废再生沥青混凝土

废弃沥青混凝土再生生产线，沥青混凝土的主要原料为沥青、刨铣料、碎石、矿粉等。骨料（主要是铣刨废料、优质碎石料）利用铲车，分别送至冷料仓和再生料仓暂存，进入各自烘干筒。烘干筒采用天然气燃料，烘干筒不停转动，以使骨料受热均匀。随后，加热的骨料通过骨料皮带输送，进入搅拌工序；干燥滚筒、冷料仓、再生料仓、热料仓均密闭设置，以减少粉尘外溢。拌和后即为沥青热拌混合料。成品装车在密闭空间内进行，装车位上方设置集气罩，对产生的废气进行收集并通过管道送至催化燃烧装置进行处理。沥青拌和站骨料及导热油加热均采用天然气，燃烧充分、干净，零污染零排放（图7）。

（三）工作成效

1. 产品应用

项目企业建筑垃圾再生骨料产品经河北省住房和城乡建设厅批准，于2022年12月22日入选河北省第二批建筑垃圾再生产品目录。建筑垃圾再生骨料水稳料产品、建筑垃圾再生混凝土产品应用于秦皇岛市抚宁区茶棚乡农村公路改造工

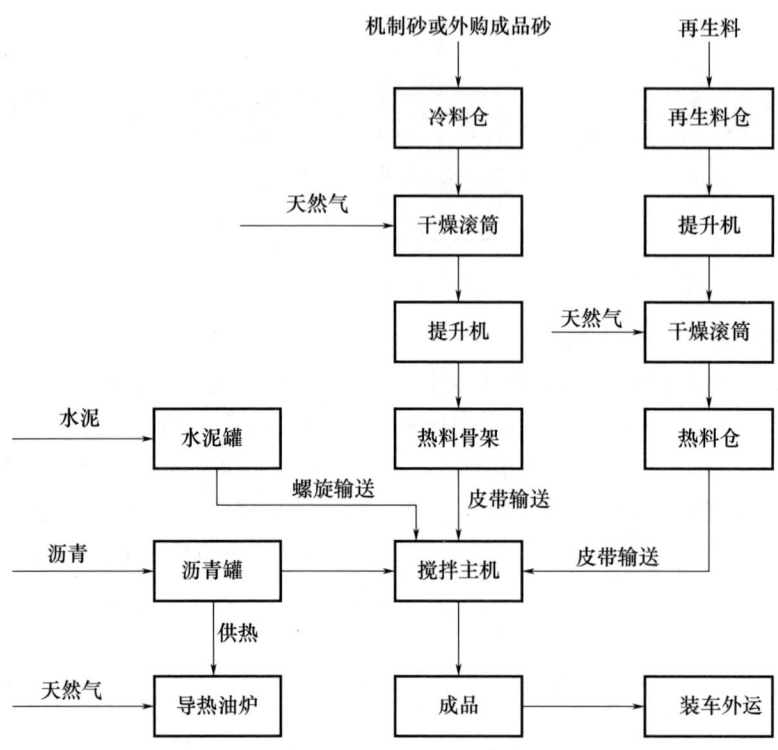

图 7 废弃沥青混凝土再生生产线流程

程施工，消纳 3MPa 水泥稳定碎石（18cm 厚）48795m²，完成弯拉强度 4.5MPa 水泥混凝土路面（20cm 厚）8431m³。建筑垃圾再生骨料路面砖产品已被应用于秦皇岛市多个小区、公园、广场及道路工程等建设中，近两年累计使用再生骨料路面砖超 3.3 万 m²。建筑垃圾沥青铣刨料产品已被应用于秦皇岛市多个小区道路工程中，完成道路铺筑近 6.8 万 m²。工业固废钢渣产品用于秦皇岛市抚宁区大新寨省级乡村振兴示范区双岭至王汉沟农村道路工程，使用 AC-10 钢渣沥青混凝土 1514t、AC-16 钢渣沥青混凝土 1593t（图 8）。

图 8 工业固废钢渣产品应用

2. 社会效益

结合"十四五"循环经济发展规划、《关于支持建筑垃圾资源化利用若干政策措施》等要求,国家始终坚持节约资源和保护环境的基本国策,遵循"减量化、再利用、资源化"原则,着力建设资源循环型产业体系,加快构建废旧物资循环利用体系,到2025年,建筑垃圾综合利用率达到60%以上。通过固废处理系统生产的再生骨料,可充分进行再次利用,减少对天然骨料的需求,降低对自然资源的开采和利用,维护自然景观和保护生态环境,达到节约资源的目的,同时再生骨料的使用可以减少建筑垃圾的堆放和处理,降低对环境的污染,减少对部分土地资源的征收利用;同时再生骨料经过筛选、除尘等处理后,可以达到与天然骨料相同的性能指标。

再生粗骨料可用于道路工程的垫层、基层和建筑工程地基回填;再生粗、细骨料合理级配可制备再生混凝土,用于建筑工程非承重结构和非承重墙体砌筑等;再生细骨料制成再生砌块砖,再生砌块(砖)可用于建筑工程的砌筑围墙、非承重墙体,再生便道砖、透水砖、路缘石等可用于市政工程的人行道、广场、公园、停车场等路面铺装,废旧沥青经再生处理后制成路面沥青混凝土,可用于道路工程的路面,充分体现循环发展模式。

3. 经济效益

项目企业联合交通部科学研究院道路研究室、燕山大学、河北建材职业技术学院、城市固废无害化协同处置及利用河北省工程研究中心,引领大宗工业固废(钢渣)、建筑固废处理(建筑垃圾)、沥青路面材料再生、各类路面新材料产业的发展,逐步形成资源再利用产业示范基地、再生产品节能生产基地、环保科技研发基地。

项目企业年可处理废旧混凝土、混凝土块、沥青块等建筑垃圾320万t,再生混凝土砌块、改性沥青等产品;路面垃圾减量化达90%以上,再生转化利用率达93%,体现了循环经济利用模式,实现建筑废弃物"减量化、资源化、无害化"的目标。同时企业计划处理抚宁经济开发区建设范围内各村庄拆迁后产生的建筑垃圾,为推动河北抚宁经济开发区循环化改造计划的发展贡献一份力量。项目企业各生产线的投产运行预计可实现年收入1.6亿元,实现纳税1300万元,带动就业岗位120余个,为拉动地方经济高质发展做出企业应尽的贡献。

(四)经验启示

1. 重视材料研发,助力产品质量把控

项目企业成立了试验检测研发中心,建筑面积超$1000m^2$,拥有各类试验仪器设备200多台套,检测人员20人,主要检测项目有水泥、粉煤灰等胶凝材料的物理及力学性能试验、再生骨料试验、混凝土力学性能试验、建筑材料化学试验、沥青及沥青混合料试验、无机结合料试验检测等。通过与交科院、燕山大学、城市固废无害化协同处置及利用河北省工程研究中心、秦皇岛建材学院等多家技术实力雄厚的院校企业建立合作关系,助力产品质量把控,确保再生骨料产品满足规范、设计要求。通过近期市场客户的反馈,公司产品均满足设计等标准要求,真正实现循环发展、利用的目的。

2. 打造循环经济、可复制的经营发展模式

遵守法律法规,财务营运透明规范,诚信经营,依法纳税。致力于塑造安全健康的工作环境,充分发挥员工能力,积极研究创造新产品,以服务至上、诚信经营、低碳环保的经营理念,打造无废城市,助力城市的可持续发展,努力发展成为一个零固废、零污染、零粉尘的新兴环保、科技创新企业,带动地方经济的发展、树立行业新标杆,打造循环经济、可复制的经营发展模式。

四、建筑垃圾处置和再生利用国企典范——张家口市建筑垃圾处置和综合利用工程

(一)案例简介

张家口市建筑垃圾处置和综合利用工程由张家口市益源建筑垃圾处置和综合利用有限公司运营。该公司为张家口建设投资集团有限公司二级子公司,是张家口市主城区唯一一家专业从事建筑垃圾产业化运营的国有企业。张家口市建筑垃圾处置和综合利用工程,项目设计处理可再生建筑垃圾规模为20万 t/年,生产标砖2700万块/年,生产混凝土20万 m^3/年。项目所使用的生产设备均达到国内一流水平,再生砖采用德国策尼特全自动混凝土制砖生产线,为华北地区首条(图1)。

图1 张家口市建筑垃圾处置和综合利用工程

(二)主要做法

张家口市建筑垃圾处置和综合利用工程将建筑垃圾破碎筛分出的粗骨料、细

骨料与天然料混合生产再生混凝土和再生砖，筛分出的轻物质和渣土外运填埋处理，回收物（木料、金属等）外运回收利用。

1. 建筑垃圾再生骨料

建筑垃圾进厂后，经过地磅称重后运至建筑垃圾料仓，在料仓内，根据垃圾的实际组分进行预分类（砖和混凝土分离工序），分成混凝土为主的建筑垃圾和砖瓦为主的建筑垃圾。同时在建筑垃圾料仓内将少量的大块建筑垃圾进行预破碎（人工和机械方式），使建筑垃圾的最大尺寸小于600mm。

预破碎后的建筑垃圾由装载车送入振动给料机，在振动给料机处设置筛砂网对建筑垃圾进行预筛分。预筛分的筛下物主要为渣土，不适合用来生产再生建材，渣土外运至消纳场填埋处理。预筛分的筛上物进入颚式破碎机进行一级破碎，将粒径破碎至100mm以下。

一级破碎后的物料通过皮带输送机进入磁选和人工分拣平台。在人工分拣平台设有4~6个人工分拣工位，将垃圾中的玻璃瓶、棉布料、木料、包装箱、塑料袋等大件进行人工分拣。分拣后的垃圾由磁选机去除其中的钢筋等金属，防止对后续的破碎机造成破坏。磁选后的物料进入反击式破碎机进行二级破碎，将垃圾的粒径破碎至31.5mm以下。二级破碎后的垃圾由皮带机送入振动筛进行筛分。振动筛筛网孔径为10mm、31.5mm。0~10mm筛下物由皮带机送至成品料仓中的细骨料料仓。10~31.5mm筛上物由皮带机送至成品料仓中的粗骨料料仓。细骨料由装载机运送至制砖车间的料斗，10~31.5mm粗骨料由装载机运送至混凝土搅拌站的料斗。大于31.5mm的大骨料返回反击式破碎机继续破碎。

2. 建筑垃圾再生砖生产

制砖工艺利用建筑垃圾破碎筛分后的细骨料，制作再生免烧砖。制砖系统可分成五大部分，即配料搅拌系统、成型系统、产品输送系统、养护及码垛系统、控制系统。制砖系统中可能产生粉尘的设备均就地配置布袋除尘器（图2）。

电脑控制的自动配料系统将各种不同类型的骨料、水泥按预先设定的比例配合，送入搅拌机；搅拌机在混合搅拌的同时，通过进口湿度控制仪控制添加一定的水量。混合物料满足要求后，自动放料到上料传送皮带机上，通过上料传送皮带机送进成型主机的料斗。空栈板从成型主机后边的栈板仓通过自动供板机送入成型主机。配好的混凝土料由料斗分批定量卸入布料盒，然后将混合料推送至模具表面，并通过快速布料器向模具型腔中均匀填充，在此期间进行必要的布料振动，以获得规定的布料密实度。布料完成后模具压头下行，将物料压实至一定程度，与此同时，振动器激振开始，经数秒强力振压后，原料在模腔内成型为具有设计形状和密实度的湿产品。激振完毕通过液压油缸驱动提升模具和压头使产品顺利实现脱模。在下次向成型主机供板的同时将湿产品移出。湿产品及栈板移出主机后，被湿产品输送机送给升板机，并在进入该机前由湿产品清洁装置清理制品表面毛刺。程控子母窑车将升板机中一组湿产品取出，并按养护制度要求将其运至养护窑的预留位

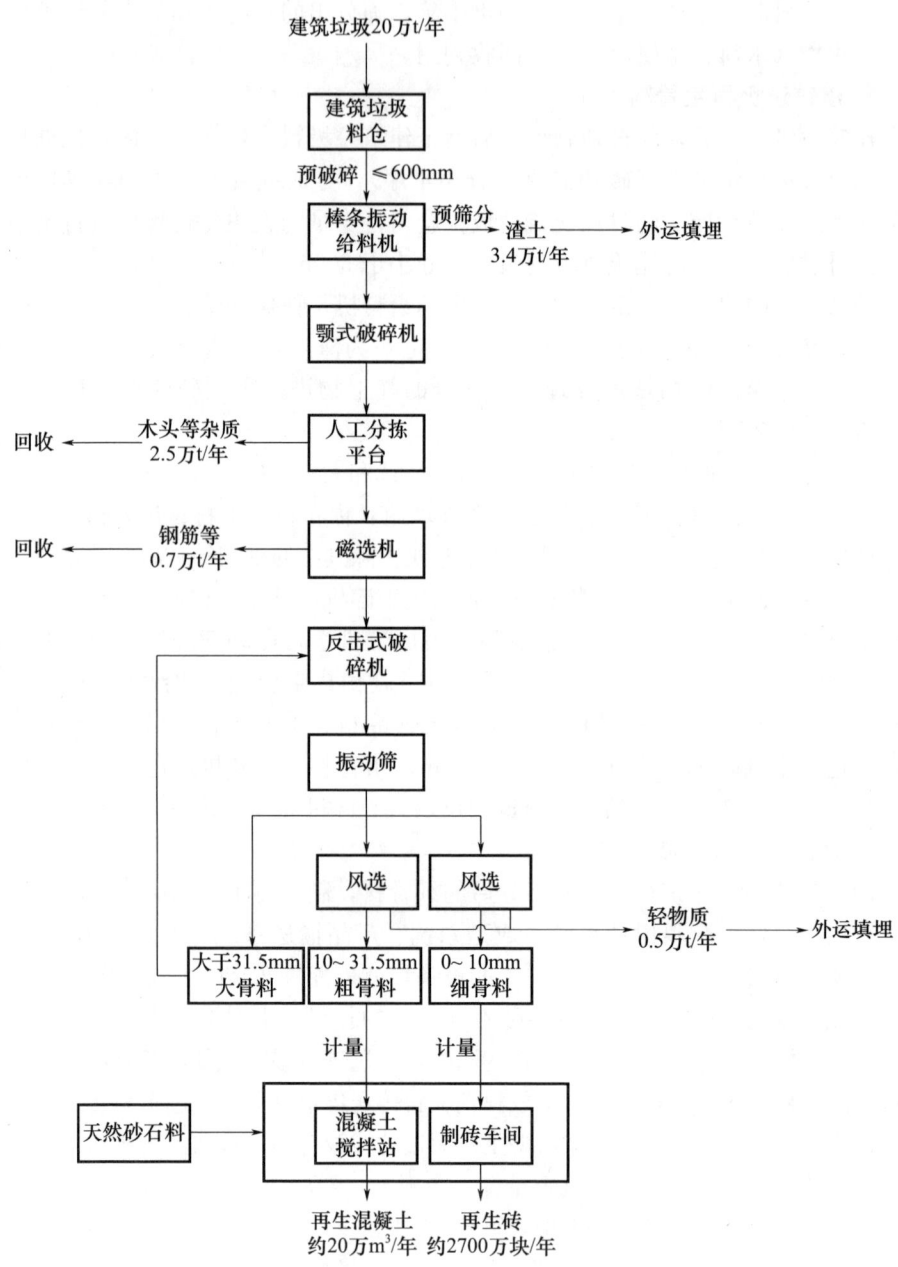

图2 建筑垃圾再生骨料工艺

置,将该组湿产品卸下以进行养护。同时将已经养护完毕的一组干产品在其所在位置取出送给降板机。之后降板机按控制要求逐一卸板放在降板节距机上,并通过降板节距机移出,送给码垛系统。码垛机械手将干产品从栈板上抓起,移动一定距离后放置在成品输送机上的托盘上。码垛机械手按层与层相错的方式码垛至规定层数。码好垛的一组成品沿成品输送机移出。然后由人工驾驶叉车运至室外再生砖堆放场；与此同时，成品输送机亦将空的托盘从托盘仓中送至堆码位置。工艺流程中的各个环节的衔接与协调动作，均由可编程逻辑控制器为核心的中央电脑控制台按预先编好的程序和工艺参数自动控制，性能稳定，安全可靠（图3、图4）。

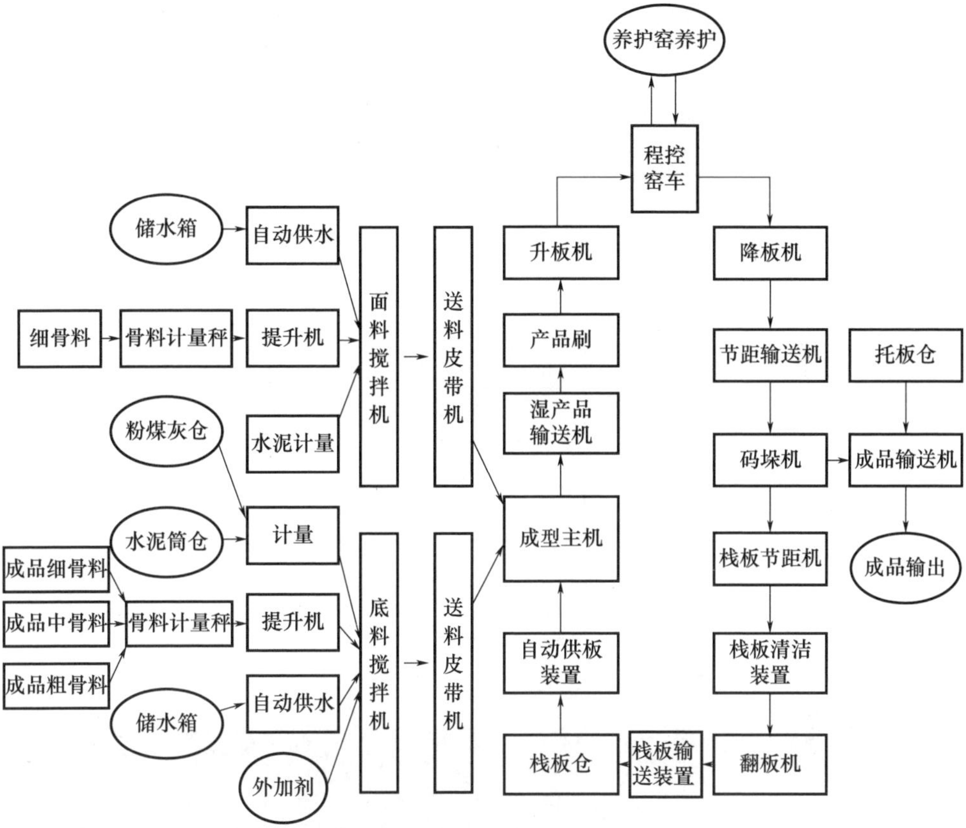

图3 建筑垃圾再生砖工艺

图4 建筑垃圾再生砖生产线

3. 再生混凝土生产

混凝土搅拌站利用建筑垃圾破碎筛分后的粗骨料，与天然砂石料以一定的比例混合生产再生混凝土。混凝土搅拌设备包括骨料储存输送系统、皮带输送系统、搅拌系统、计量系统、粉料储存输送系统、辅助系统、除尘系统（图5、图6）。

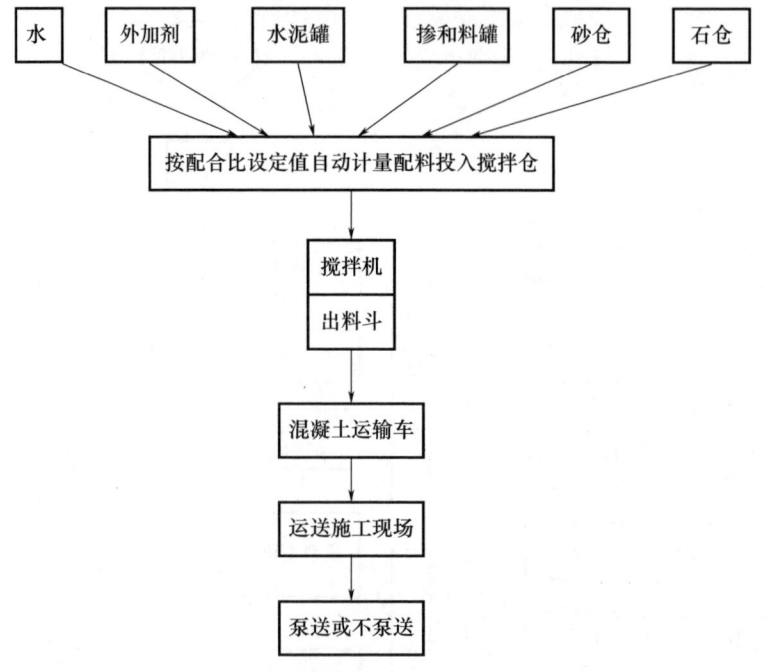

图5 再生混凝土生产工艺

图6 项目图例

本项目的生产工艺可以保证建筑垃圾的有效处理，其工艺可靠、稳定、抗冲击负荷能力强；技术安全性好，符合国家产业政策和发展方向，能耗低；工艺流程相对简单、占地少、运行维护方便；二次污染小、工厂环境质量高、自动控制程度高；同时将废旧混凝土作为添加料，可取代一定量的水泥。将废旧混凝土全部或筛除再生粗骨料后的筛下物磨细，用其取代10%～30%水泥同时取代30%的砂子。

（三）工作成效

1. 经济效益

按照张家口市政府决策部署，该项目遵循"分类处置，合理利用"的原则，以建筑垃圾减量化、资源化、无害化为导向，积极打造集建筑废弃物拆除（采掘）、运输、消纳处置和资源化利用于一体的可再生资源产业体系，切实服务张家口市"首都两区"和可再生能源示范区建设。该案例项目实现年纳税约 600 万元，年净利润 500 万元，可解决就业岗位 200 余人。

2. 社会效益

该项目的建设将有效填补张家口市再生商品混凝土市场的空白，对促进全市循环经济发展、推广绿色建筑材料将起到积极的示范带动作用，使其发挥应有的经济效益和社会效益。项目能够有效缓解建筑垃圾未经任何处理，露天堆放在城市郊区，严重影响城市容貌和景观，破坏微观区域生态平衡，污染地下水源等垃圾围城问题。与此同时，项目所生产的建筑垃圾再生产品在一定程度上满足了张家口市对建材原材料的需求，减少了对砂石等天然资源的消耗。通过循环利用将建筑垃圾变废为宝，是对既有资源的再生利用，也是对张家口市循环经济发展的极大促进。

3. 企业荣誉

项目企业生产部被团市委授予"2021—2022 年度张家口市青年文明号"，项目企业获得了中国砖瓦工业协会国家建筑材料工业墙体屋面材料质量监督检验测试中心颁发的"2021 年度全国墙体屋面及道路用建筑材料产品质量一等达标企业"荣誉称号。项目企业及下属子公司亿源建材公司获得 2022 年"河北省科技中小型企业"认定。

（四）经验启示

1. 充分发挥党建引领作用

坚持"围绕业务抓党建，抓好党建促发展"的思路，实施"党建＋生产经营"深度融合，为企业高质量发展注入红色动能。党支部充分发挥"把方向、管大局、保落实"的领导作用，形成层层负责、逐级尽责的工作格局；充分发挥国有企业优势，积极争取政策支持，切实履行社会责任，实现经济效益和社会效益双丰收。

2. 多元化实现固废再利用

对固废垃圾进行全面分析和充分利用：一是挖掘地域地质优势，对本地山坡石、尾矿、矿渣等原材料进行加工，降低生产用原材料成本；二是除对水泥砌块等固废进行充分筛分破碎制成再生骨料替代天然骨料外，对建筑垃圾中的废旧木方破碎压缩，制造再生可利用木方；三是将建筑垃圾筛分出的废粉经无害化处理后通过烧结的方式制造陶粒。

3. 着力加强创新体系建设

近年来，科技部、教育部相继出台了多项政策，鼓励政府、企业、研究院、院校开展产学研深度合作。和河北建研院建立产学研合作关系，是公司实施创新驱动、科教兴企、人才强企战略、实现创新体系建设的重要一步。按照公司战略发展要求，坚持科技创新、成果转化、经济效益一体化布局，通过扎根企业、立足产业、放眼行业，构建产学研用深度融合的发展创新体系；通过打造校企合作实践教育基地，对意向高校人才开展"订单式"培养，提升学生的实践能力以及从业、创业能力，努力将基地打造成为高校教师开展实践教学、技术开发和校企交流合作的重要平台，同时将基地建成为各类资源的共享与开放平台，促进教学、科研、社会的密切结合。

五、建筑产业全生命周期循环生态系统——邯郸宗楼建筑垃圾综合利用模式

（一）案例简介

该案例致力于打造"资源收集＋再生利用＋材料研发＋制品应用＋维护回收"的建筑产业全生命周期循环生态系统。实践研发了"宗楼建筑垃圾综合利用模式"，可以处理各种品质的建筑垃圾，成本低，效果好，生产出的再生骨料质量优良、性能稳定，可100％替代原生砂石。案例企业可生产再生墙板、再生混凝土、再生装配式建筑、再生钢筋和再生土等多种产品，广泛应用于城市固废处理、装配式建筑发展、农村道路水利工程建设、工厂建设、危房改造、美丽乡村、禁实限黏、技术扶贫、防风固沙、防灾抗灾等工作。

（二）主要做法

1. 可持续住宅产业链设计

项目企业以自己研发的"预制水平孔混凝土墙板"技术为核心，研发了多项发明专利技术，实现了"建筑垃圾分选破碎＋再生骨料销售＋再生预制水平孔墙板＋再生骨料混凝土＋低碳再生蓝鲸墙板建筑"的新型建筑垃圾再生利用技术路径。

2. 混凝土骨料闭路循环整形技术

项目企业自主研发的"混凝土骨料闭路循环整形技术"（发明专利号：201510030813X），使用低品质建筑垃圾为原料，批量生产出高品质再生骨料。该骨料能够100％替代天然骨料，用于生产C40以下混凝土，生产预制水平孔混凝土墙板（发明专利号：03102838.1），生产各种砂浆、砖瓦、构件等。利用再生墙板和再生混凝土等为原材料，可承建市场上所有的六层以下中小型建筑物，实现"从建筑垃圾到再生建筑"的大循环可持续（图1、图2）。

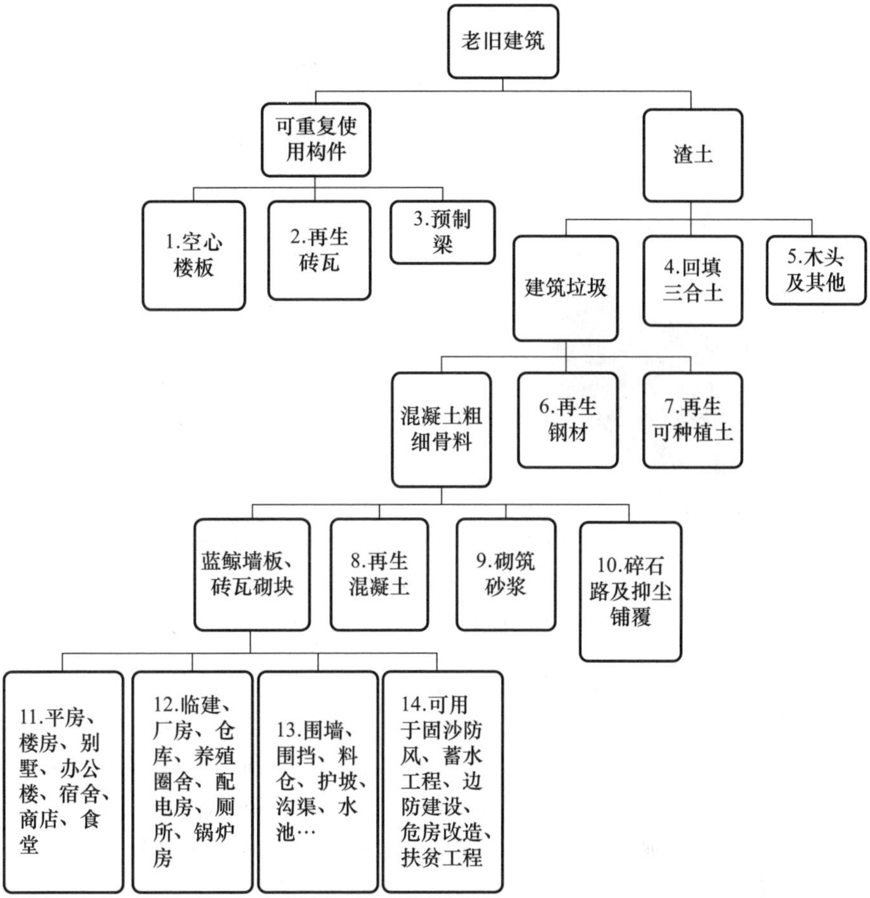

图 1 可持续住宅产业链设计示意图

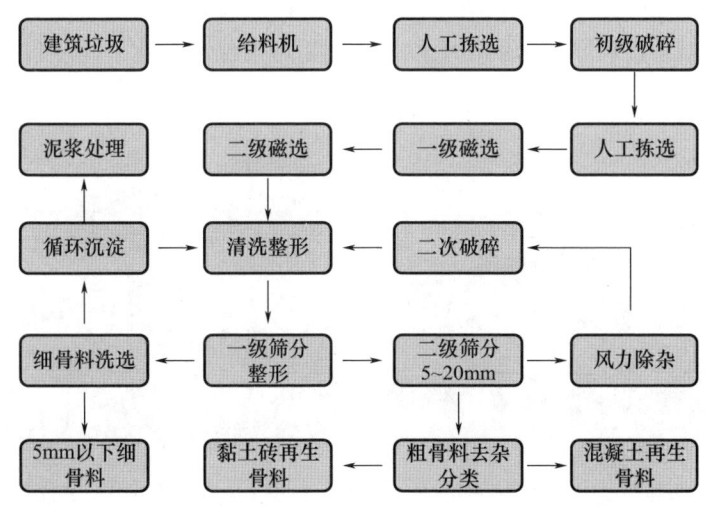

图 2 "石打石"建筑垃圾闭路循环整形处理工艺

3. 新型复合夹心保温墙板

案例企业生产的"蓝鲸复合夹心保温墙板"（发明专利号：2011103212075）采用三明治保温形式，保温能力强，防火等级高，保温能力持久，方便装修不易损坏，是建筑物外墙保温产品中，具有代表性，可大规模使用的成熟工艺。在保温性能和承载能力满足使用需求的同时，可以将三明治保温墙板的售价从PC板的4000元/m^3，降低至370元/m^3（图3）。

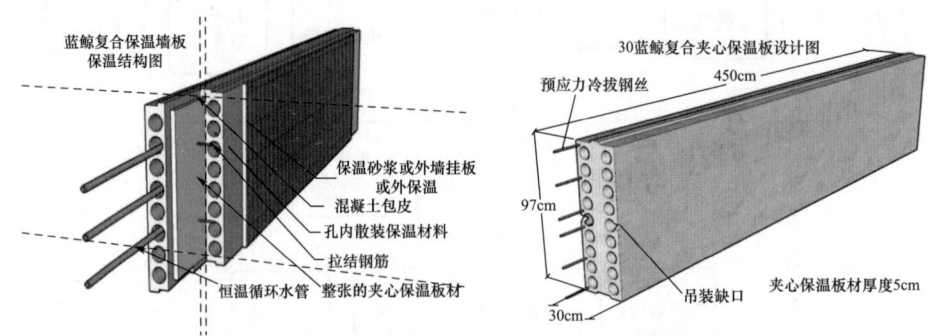

图3　复合夹心保温墙板保温系统和产品示意

该墙板采用新型夹心保温空心墙板生产模具，通过设置双层内振锥，生产出内夹保温板、两侧为空心墙体的新型复合夹心墙板。该墙板外观尺寸：高度为1m左右，长1～5m，厚度0.3m左右。在双排孔之间预置整张的保温板材为主要热阻，利用本身内外双排水平孔的基本热阻为辅，同时附带其他各种保温技术，在增加整体厚度较小的基础上，实现了复合墙体保温系数的较大提升。在墙板结构的设计上，依靠混凝土包边和内部拉结钢筋使保温板两侧的混凝土墙板与保温板形成一个整体，利用设置在墙板两端的吊装缺口进行吊装，以墙板上部的防水凸槽和底部的防水凹槽相结合，达到较好的结合效果和防水能力。以提高保温板材的保温系数和厚度为调整手段，分别生产出保温系数不同、售价不一的各种墙材产品（图4、图5）。

图4　邯郸鸿远中学食堂工程

图5　丛台区恒阳小学教学楼工程

（三）工作成效

1. 形成一条可持续的产业链条

宗楼建筑把老旧建筑粉碎后，实现再生骨料的高品质生产，加工成再生墙板和再生混凝土等，低能耗装配式建筑的工业化生产，进而制造出各种再生建筑产品，最终打造出一条低成本、安全可靠、绿色环保、低碳可持续的"建筑产业大循环产业链"。

2. 研发了石打石的再生骨料整形工艺

研发的再生骨料整形工艺，还原了天然砂石骨料形成的环境，以全程水洗研磨的方式，实现了各种物质的高效分离，通过大石头砸小石头的方式，对再生骨料实现整形和清洗，去除了再生骨料上黏附的水泥石和泥土，提高了骨料的洁净度和结合面质量，使再生骨料的生产实现了品质的稳定可控，让再生混凝土获得了适当的和易性与强度。

3. 打造出低成本的超低能耗建筑产品

宗楼建筑研发破碎工艺专利技术、保温墙体专利技术、建筑通风专利技术和墙板房屋结构体系专利技术，使低成本超低能耗建筑建设成为可能。通过极致标准化设计的产品，采用简单、有效的加工制造方式，生产出低成本的超低能耗建筑产品，主体实际成本可控制在 700 元/建筑平方米之内，实现超低能耗总成本可控制在 2000 元/建筑平方米以内。在邯郸鸿远中学食堂工程中，外墙采用 30cm 厚建筑垃圾再生预制水平孔复合夹心保温墙板，内墙采用建筑垃圾再生 24cm 厚普通承重型墙板，顶板采用建筑垃圾再生预应力空心叠合楼板＋现浇楼板；在丛台区恒阳小学教学楼工程中，墙体全部采用 100％建筑垃圾再生骨料生产的混凝土墙板。

（四）经验启示

形成以点带面的行业布局：目前的产业政策都是大力支持做大做强，一个厂满足一个城的垃圾资源化任务。但建筑垃圾管理的难度超出预期，结果导致工厂产能大、产量小，处理成本居高不下，产品又卖不出去。若处理厂可以建得小一点，就可以建很多个，缩小垃圾回收半径，以点成面，构成市场竞争，同样达到全部处理的目的。

六、地方典型的建筑垃圾资源化模式——唐山润腾建筑垃圾利用技术

（一）案例简介

案例企业建立了集清运、加工再生骨料、制备再生建材一体化的建筑垃圾资

源化模式，通过对建筑垃圾实施分类运输、分类处理，建立了各类建筑垃圾的成熟处置系统，生产多样化适配性强的建筑垃圾再生产品，并应用推广装配式建筑，促进回收及资源化利用的同时，也提高了资源化利用水平，是典型的建筑垃圾再生利用模式。其中，建筑垃圾收储由唐山市丰润区润腾建筑垃圾回收处理有限公司完成，建筑垃圾工厂再生利用由唐山市润腾科技有限公司完成。

（二）主要做法

1. 建筑垃圾的收储

成立专业运输车队，拥有建筑垃圾专业运输车辆10台，负责清运丰润区以及唐山市周边各个县区的建筑垃圾。单日最大运输量为1700m^3，从2018年年底，全程负责了丰润区西外环亮化改造、丰润城中村朱庄子、王庄子、南关村、中建城等多个区域的拆除、清运、回收处理工作。

2. 建筑垃圾制备再生骨料

建筑垃圾进场后，由铲车送至上料斗传送皮带，经除杂后运至振动筛，筛上的大块料进入颚式破碎机进行破碎，颚破后设置除铁除尘装置，再由锤式破碎机进行二次破碎，然后由皮带输送机、斗提输送至振动筛进行筛选。筛选出来的较大的石子用于混凝土及预制件工序，小石子由斗提机提升至制砂机，使用制砂机对物料进行细碎整形，经制砂机处理之后的砂子粒度均匀，形成一定粒径（3mm、1mm）的建材原料（图1、图2）。

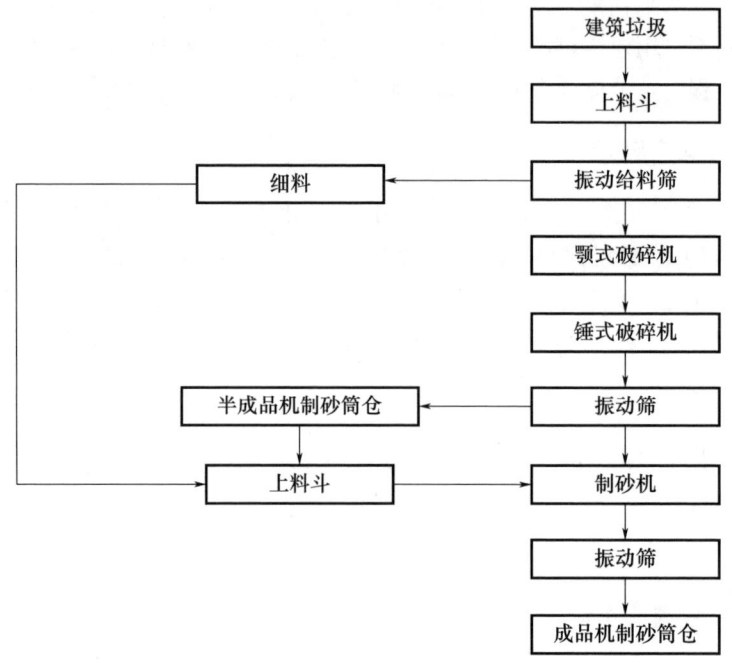

图1　建筑垃圾制备骨料工艺

图 2　建筑垃圾制备骨料生产线

3. 再生干拌砂浆

自产再生细骨料由罐车运至干拌砂浆区受料坑，受料坑下设计量仓，由计量仓下料至皮带机处，由斗提机提升至干拌混砂机；同时加进干拌混砂机的还有计量仓计量下料的水泥、粉煤灰、矿渣微粉。干拌砂浆机将几种物料混合均匀后由传送皮带、斗提机运至成品干拌砂浆筒仓储存。然后由装包机分装，智能机器人码垛，叉车装车外运，或者直接由密闭水泥罐车计量装车外运（图3）。

 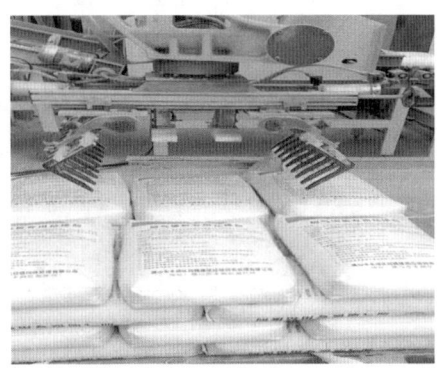

图 3　再生干拌砂浆

4. 再生骨料混凝土

铲车将石子、机制砂、尾砂加到配料仓料斗，每个料斗下设置有计量秤、传送皮带，计量秤将原料计量后由传送皮带传送至斗提，由斗提机运至商品混凝土设备，同时加入的还有通过计量后由输送管绞龙加入的水泥、粉煤灰、矿渣微粉以及水，经搅拌机充分搅拌后卸出直接外运出售。

5. 装配式 ALC 蒸压加气板

装配式 ALC 蒸压加气板既可做建筑主体的内墙和外墙等墙体材料，又可做屋面板和楼层板，广泛应用于混凝土结构、钢结构等工业与民用建筑，且具有良好的耐火、防火、隔声、隔热、保温等性能。它克服了传统加气混凝土产品的一系列缺点，具有优良的综合技术性能、科学可靠的安装节点构造、工业化的板材安装施工、良好的后处理配套材料和施工技术，更能满足人们对建筑物日益增长的安全、舒适、节能、环保等多功能的需求（图4、图5）。

原料堆棚

输送管道

原料计量仓

商品混凝土搅拌设备

成品卸出仓

工程案例

图4 再生骨料混凝土

图5 装配式蒸气加压板

工艺如下：将再生机制砂运至原料场，会同水泥等加入料斗中进行研磨，然后进入制浆池由砂浆泵输送到料浆灌中；同时将块状白灰加入白灰料斗中破碎，通过提升机将白灰提升至白灰仓内。钢筋处理及网片挂网组装，即将钢筋通过自动网片焊接机进行调直、切断、焊接等加工处理，焊接完成后的钢筋在进行防腐烘干后，挂网组装运至插钎工位等待浇筑时进行插钎。浇筑后装入模箱进入静养室静养，出静养室拨钎、精割形成坯体，切割完成后入釜蒸养，蒸养完成后将坯体拉出，由牵引机传送至打包工位进行分掰打包入库（图6）。

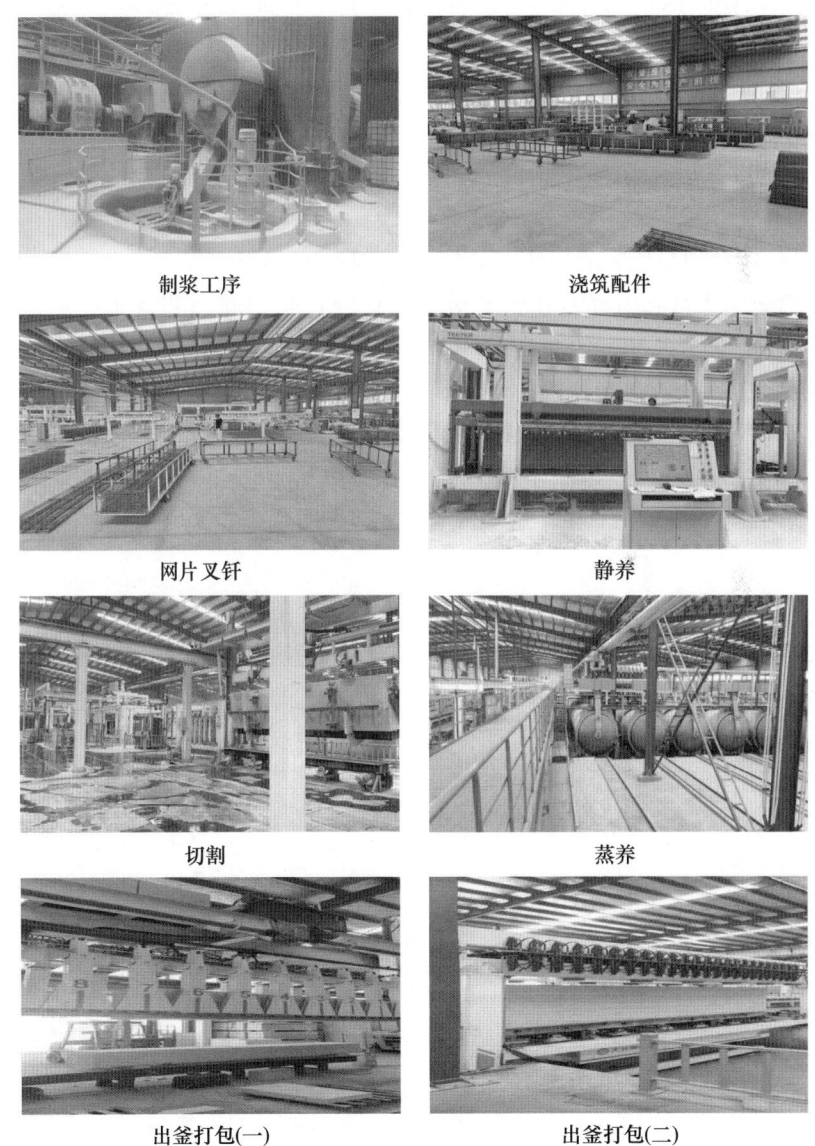

图6 再生骨料混凝土

（三）工作成效

1. 唐山市丰润区润腾建筑垃圾回收处理有限公司秉持"践行环保理念、循环利用资源、改善生态环境、建设绿色家园"的原则，主要生产普通砌筑砂浆（M5、M7.5、M10、M15、M20、M25、M30）、普通抹灰砂浆（M5、M10、M15、M20）、干混地面砂浆（M15、M20、M25）等环保型砂浆。2021年，企业被认定为河北省科技型中小企业，所生产"聚合物地面砂浆""聚合物砌筑砂浆""聚合物抹面砂浆"符合《河北省绿色建材产品推广管理办法》，被河北省绿色建材装备协会推广使用。

2. 润腾科技采用当前国内先进的蒸压加气混凝土制品生产线设备，生产的砌块和板材产品属于推广的新型墙体材料，具有绿色环保、轻质高强、保温隔热、防火阻燃、隔声降噪、抗渗防潮、应用广泛等诸多优点。

（四）经验启示

1. 政策的支持和引导对建筑垃圾资源化处置利用起到非常重要的作用。建筑垃圾资源化处置利用，需要政府、企业、社会全面合作，政府出台政策、细化管理办法，引导企业参与建筑垃圾的资源化治理。

2. 城市在发展和旧貌换新颜的过程中，建筑垃圾必然剧增，建筑垃圾资源化处置和再生，将是一条必然的出路。企业应该紧抓机遇，加强技术研发，重视产业转型升级，在建筑垃圾资源化利用水平的同时提高自身竞争力。

河北省建筑垃圾再生利用典型案例

（第二批）

一、建筑垃圾再生利用案例——衡水新伟建材有限公司

（一）案例简介

衡水新伟建材有限公司位于衡水市人民西路电厂生态工业园，始建于2013年11月，先后通过了省、市新型墙体材料生产备案环评认证，2019年获得"河北省科技型中小企业"认定。公司围绕"绿色生产、环保节能"的发展理念，先后投资6500余万元，自主设计研发了四条固定式建筑垃圾处理生产线，可生产多种混凝土实心砖、多孔砖、榫接式灌浆砌块、自保温砌块等，产能可达到1.5亿块；公司利用建筑垃圾、混凝土路面垃圾生产可用于商品混凝土代替部分水泥的再生微粉，年产量可达60万t。公司是衡水市主城区（桃城区、滨湖新区、高新区）唯一一家与政府签订特许经营协议的建筑垃圾资源化利用民营企业（图1）。

图1 衡水新伟建材有限公司风貌

（二）主要做法

公司建筑垃圾再利用主要做法：利用建筑垃圾生产粗、细骨料；利用建筑垃圾、水泥路面垃圾等生产再生微粉；生产混凝土实心砖、多孔砖、榫接式灌浆砌块、自保温砌块等再生砖；回收物（木料、金属等）外运利用。工艺流程如图2所示。

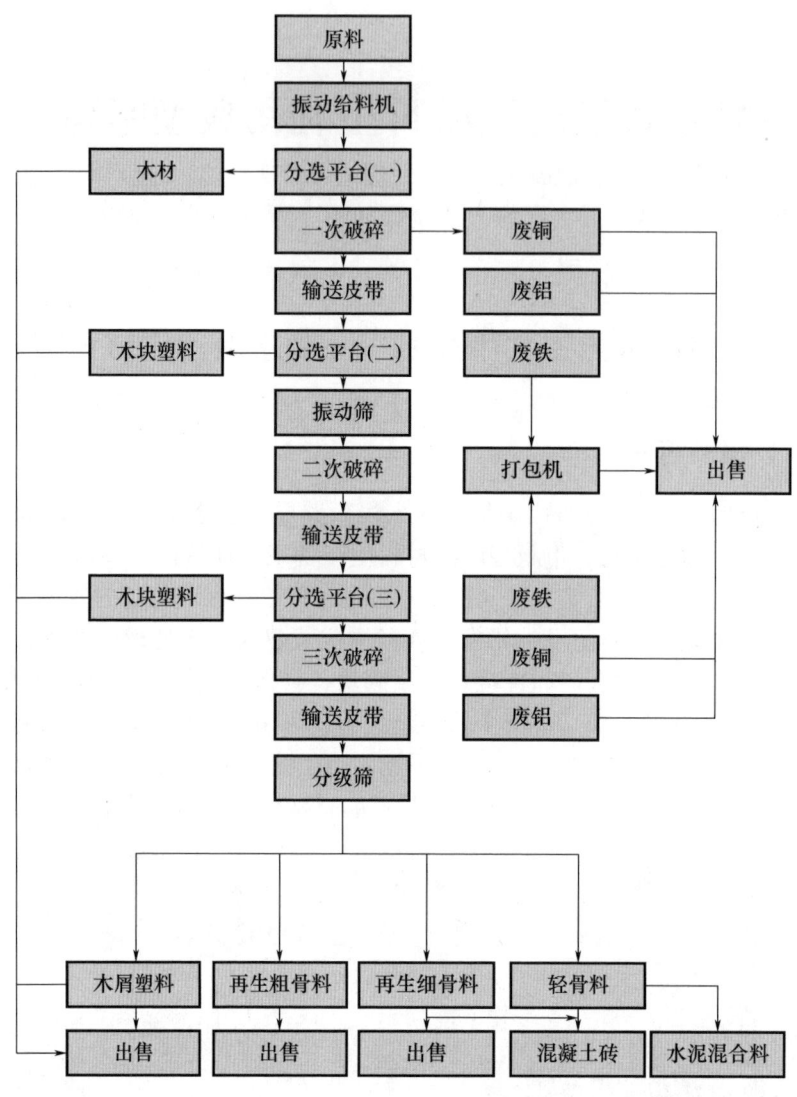

图2 建筑垃圾处理工艺流程

1. 再生微粉生产

（1）再生微粉原材料有建筑垃圾、水泥路面垃圾、粉煤灰、垃圾增强剂。

（2）建筑垃圾入棚后，由装载机送入振动给料机内，进行一级破碎，破碎成直径约40mm的颗粒，经人工筛分平台拣出废旧塑料、废旧布料后，再通过除铁器将废旧钢筋、废铁分离。分离后的物料经输送机输送至二级破碎、三级破碎，先后破碎成直径约15mm、5mm的颗粒，经提升机运至原料仓，然后将建筑垃圾颗粒、水泥路面垃圾、粉煤灰、垃圾增强剂通过微机计量配料按照一定比例运入粉磨机研磨成粉状，研磨后粉料经输送进入混料机，再由提升机传送至分料仓进行均化后，经链运机、提升机传送至散装仓内储存，由密闭罐车计量装车外运。

（3）再生微粉广泛应用于商品混凝土、水泥厂，可代替部分矿渣粉、水泥。与粉煤灰、矿粉相比，再生微粉可以与水泥中的 $Ca(OH)_2$ 进行二次水化，提升混凝土中后期强度。

此产品降低了水泥、混凝土成本，对促进全市实现建筑垃圾循环利用、变废为宝做出了积极贡献。再生微粉工艺流程如图3所示，再生微粉生产线如图4、图5所示，原料库如图6所示，成品仓如图7所示。

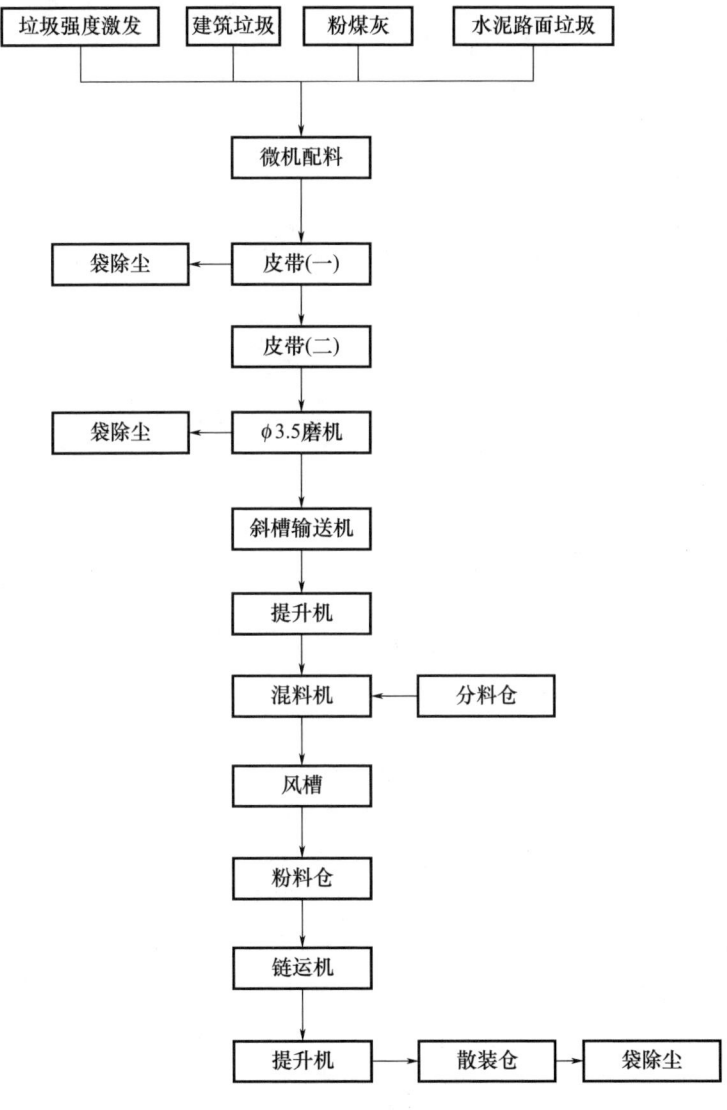

图3　再生微粉工艺流程

图4 再生微粉生产线（一）

图5 再生微粉生产线（二）

图6 再生微粉原料库

图7 再生微粉成品仓

2. 建筑垃圾再生骨料生产

建筑垃圾进厂后，经过地磅称重后运至建筑垃圾料场，在料场内根据垃圾的实际情况，可分成以混凝土为主的建筑垃圾和以砖瓦为主的建筑垃圾。对于大块的建筑垃圾，可在建筑垃圾料仓内将其进行预破碎。预破碎方式可分为人工和机械方式。预破碎使建筑垃圾的最大尺寸小于600mm。

预破碎后的建筑垃圾由装载车送入振动给料机，在振动给料机处设置筛网对建筑垃圾进行预筛分，预筛分的筛上物进入颚式破碎机进行一级破碎，粒径被破碎至100mm以下。一级破碎后的物料通过皮带输送机进入磁选和人工分拣平台，将垃圾中的玻璃瓶、棉布料、木料、塑料袋等大件进行人工分拣，分拣后的建筑垃圾由磁选机去除其中的钢筋等金属。磁选后的物料进入反击式破碎机进行二级破碎，粒径被破碎至27mm以下。二级破碎后的垃圾由皮带机送入振动筛进行筛分，振动筛筛网孔径为27mm、14mm、8mm。0～14mm筛下物由皮带机送至成品料仓中的细骨料料仓，14～27mm筛上物由皮带机送至成品料仓中的粗骨料料仓。

3. 建筑垃圾再生砖生产

制砖工艺是利用建筑垃圾破碎分拣后的细骨料制成混凝土实心砖、多孔砖、榫接式灌浆砌块、自保温砌块等再生砖。再生砖生产线如图8所示，产品养护区如图9所示，产品如图10、图11所示。

图8 建筑垃圾再生砖生产线

图9 养护工序区

图10 六棱砖

图11 再生标砖

制砖系统可分成四个工序，即配料搅拌、成型、输送养护、码垛。制砖系统中配料搅拌环节配置布袋除尘器。电脑控制的自动配料系统将各种不同类型的骨料、水泥按设定的比例送入搅拌机；混合搅拌时通过进口湿度控制仪控制水量，物料通过上料传送皮带机进入成型机料斗，从栈板仓通过自动供板机送入成型机，配好的物料分批定量进入布料盒。然后系统将混合物料推送至模具均匀填充，布料器通过数秒强力振动挤压后，脱模送至升板机，程控轨道车将升板机中产品取出，并按养护制度要求将其运至养护棚进行养护。养护完毕的产品通过降板节距机被移出，然后由工人驾驶叉车运至室外再生砖堆放场，人工进行码垛。

（三）工作成效

衡水新伟建材有限公司积极贯彻市委、市政府关于建筑垃圾综合利用的精神，实现建筑垃圾处置减量化、资源化、无害化的目标。按市城管局要求，2014年至2022年生产混凝土砌块4.75亿块，2019年为雄安新区1号工程提供了大量路基材料；2019年为衡水学谷小镇提供标砖1000万块（图12）；2020年至今为桃城壹号项目（图13）提供标砖、榫接砖2000万块；为金域蓝湾、恒茂城四期、尚品林溪、中粮、蓝光雍锦半岛等众多工程项目提供混凝土砌块约高达1.5亿块，综合利用建筑垃圾共计超356万t。

图12 学谷小镇

图13 桃城壹号项目

公司研发的新型节能榫接砌块，建筑垃圾综合利用率高，强度大，可操作性强，加快了施工进度，降低了施工成本，更能满足人们对建筑物的安全、舒适、节能环保等多方面的要求。

再生微粉可替代部分水泥、矿渣粉，能广泛用于商品混凝土，降低了水泥、混凝土等产品成本，促进城市实现建筑垃圾循环利用、变废为宝，它的推广应用是提高建筑垃圾资源化利用比例的重要途径。

（四）经验启示

1. 实现了固废资源的综合利用，项目充分利用生产地址与国能衡丰发电厂相邻仅2km的地理优势，在利用建筑垃圾的基础上，合理利用电厂固废粉煤灰、搅拌灰、石膏等资源，研发生产新型砌块墙体材料，从而减少因建筑垃圾、粉煤灰、石膏等固废处理不及时所造成的大面积土地占用，减小给地下水、空气等环境造成的二次污染。

2. 利用建筑垃圾生产再生微粉，拓宽了建筑垃圾资源化的利用途径，通常再生微粉中SiO_2和CaO含量较高，存在潜在活性，同时在其细度及粒径分布满足一定要求时，可以在制备混凝土和砂浆时发挥正面的填充效应和微骨料效应，代替部分矿渣粉、水泥。与粉煤灰、矿粉相比，再生微粉可以与水泥中的$Ca(OH)_2$进行二次水化，提升混凝土中后期强度。

3. 废弃的混凝土及其制品、砂浆、石或砖瓦等，经分选、破碎、整形、清洗、筛分后得到的骨料被称为再生骨料。再生骨料又可分为再生细骨料和再生粗骨料，粒径大于 4.75mm 的颗粒为再生粗骨料，粒径不大于 4.75mm 的颗粒为再生细骨料。建筑垃圾用于再生骨料是目前综合利用最广泛的技术之一。

二、建筑垃圾再生利用案例——河北强耐新型建材有限公司

（一）案例简介

河北强耐新型建材有限公司位于宁晋县凤凰镇赵庄村南、生活垃圾焚烧发电厂西邻，建设于 2021 年 12 月，被邢台市列为 2022 年市重点项目，公司厂区外貌见图 1，办公区见图 2。公司秉持绿色发展理念，坚持环保优先原则，投资 1.3 亿元，引进具有新技术、新工艺的垃圾分拣、全自动蒸压砌块项目。安装建筑垃圾处理及再生利用设备 20 台（套），安装生产线 5 条，每年可利用建筑垃圾粉料（废料）、固废粉煤灰、石膏约 26 万 m^3，生产蒸压砌块 30 万 m^3，装配式蒸压板材 10 万 m^3，是宁晋县城区及所属乡镇建筑工程项目使用蒸压砌块唯一供货企业，同时还推广到邢台市家乐园集团、邢台市碧桂园建筑工程项目使用，受到了建设单位和施工单位的高度肯定和青睐。

图 1 强耐公司厂区外貌

图 2 强耐公司办公区

（二）主要做法

蒸压砌块项目主要生产工艺为原辅材料的贮存、输送、搅拌、包装、切割等。蒸压砌块工艺流程为原料入库→原料处理、计量、配料→搅拌浇筑→切割→翻转去废皮→蒸压→成品入库，整个生产过程采用全封闭式生产。

工艺流程如图 3 所示。

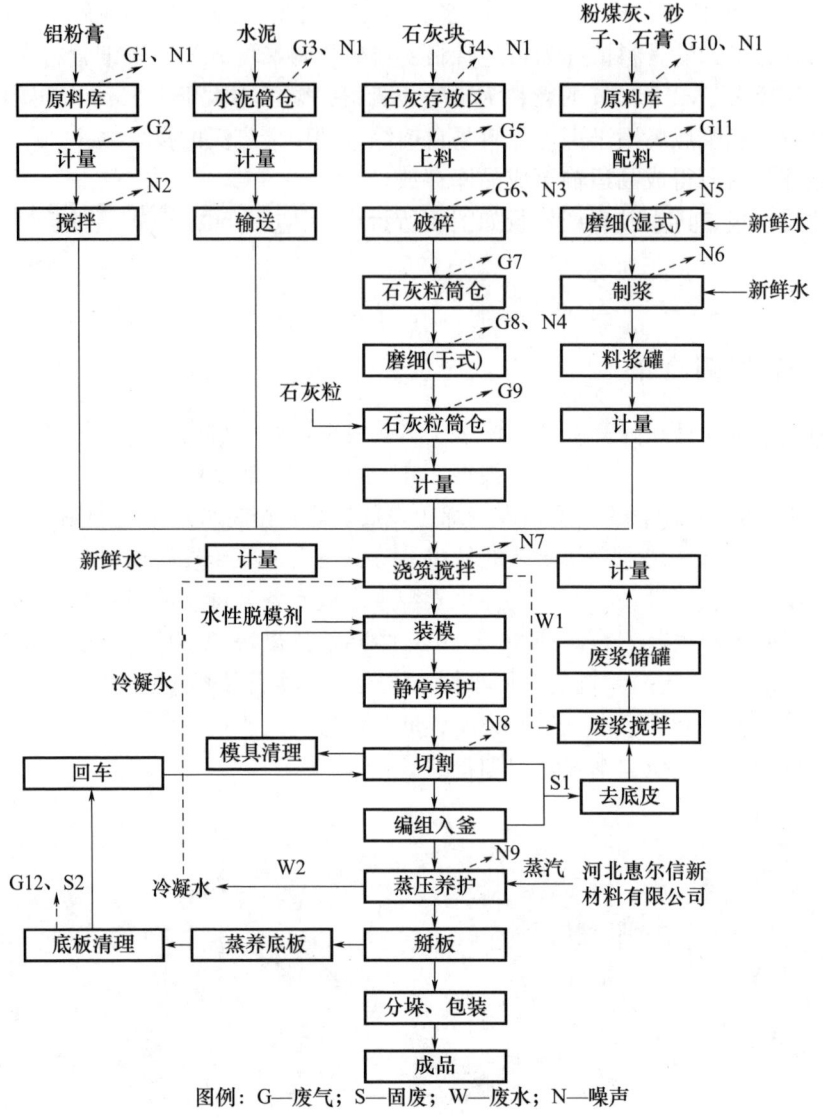

图3 蒸压砌块生产工艺流程

1. 原料入库

原材料由罐车运入厂内，其中铝粉膏为袋装，石膏为散装；石灰粉、水泥运输进厂，经气泵打入筒仓内备用；建筑垃圾运输至厂区原料库储存，由再生利用生产线生产再生砂。

再生砂生产工艺：

给料：使用铲车将外购原料，送入给料斗。

颚破：给料斗将原料送至颚式破碎机进行破碎，破碎后的半成品通过输送带输送至下一工序。

除铁：输送带将半成品输送至磁选机用以去除铁杂质。

锤破：将半成品通过传送带送至锤式破碎机进行二次破碎。

筛分：破碎后的半成品筛分出不能通过振动筛的骨料至锤式破碎机处继续破碎；经筛分后所得成品运输至成品库存放。

建筑垃圾、再生砂生产场景如图4所示。

图4 建筑垃圾、再生砂生产场景

2. 原料处理、计量、配料

原料入库如图5所示。

（1）将袋装膏状铝粉倒入全自动搅拌机上方的计量罐中搅拌，搅拌好的铝浆投放到浇筑搅拌机内。搅拌过程全密闭，原料运输使用螺管给料机密闭运输。

（2）单螺管给料机将石灰粉、水泥分别输送至电子粉料计量秤内，经计量后由计量秤的卸料装置输送至浇筑搅拌机内。输送、计量过程为全密闭。

图5 原料入库

（3）石灰块被送入颚式破碎机进行破碎，破碎后的石灰送入干式球磨机磨细，磨细后的物料粒径大小在0.5～1mm，然后被送入电子计量秤内计量，由计量秤的卸料装置输送至浇筑搅拌机。

（4）石膏、粉煤灰、再生砂在原料库中被运入湿式球磨机，球磨过程同时加入水，磨细后的石膏、粉煤灰、再生砂被送至制浆池内打浆机打浆，根据工艺参数要求加水调整浆液至合适浓度输送至浇筑搅拌机。

3. 搅拌浇筑（图6）

搅拌时根据工艺要求向搅拌机内通入一定量蒸汽，使搅拌机内料浆温度达到40~45℃，搅拌时间约3min，打开铝粉膏搅拌机下阀，使之流入浇筑搅拌机内并混合搅拌，搅拌时间不超过40s。浇筑后模具恒温静养2.0~2.5h，室温40~45℃，静停后坯体强度为0.20~0.25MPa，具有一定的切割硬度。

图6　搅拌浇筑

4. 切割（图7）

静停达到切割硬度后模具被转移至切割区脱模，切割机对小车装载坯体进行横切、纵切等工序实现坯体六面切割，达到设定规格（长±3mm、宽±1mm、高±1mm）。模箱脱模后被吊运至侧板回程轨道上，与清理后的侧板重新合模，安放至模箱行走轨道上，空模箱涂油后继续参与浇筑。每次脱模后，对模具里残存物料进行清扫收集，回用至原料生产，分离的模具由小车运输至装模区等待再次使用。

图7　切割

5. 翻转去废皮

坯体翻转后，将侧板与坯体分离，由刮皮机对坯体及侧板进行清理。底皮边角料落入切割机底部废料回收槽内，加水制成废料浆，再泵入废浆储罐中备用。

6. 蒸压（图8）

坯体在釜前停车线上编组完成后，将准备蒸压的釜车拉入蒸压釜进行养护，蒸压釜内通入蒸汽养护8h。首先用真空泵对蒸压釜抽真空到0.04MPa，时长为0.5～1h；其次打开蒸汽管道阀门使蒸压釜内压强达到1.2MPa、温度190℃，升压过程约需2h，保持4h；打开放气阀降压，放气约需1h，由此完成蒸压养护过程。

图8 蒸压

7. 成品入库（图9）

完成蒸压养护的坯体运送至分掰机下进行分掰，分掰好的成品砌块被运送至打包机下进行自动打包，打包后的产品由叉车输送至成品堆场储存外售。

图9 成品入库

（三）蒸压砌块在建筑体系中的应用

蒸压加气混凝土砌块主要应用在两类结构中。

第一类为混合结构：

主要发挥加气混凝土保温性能好的优点，在原多层建筑横向承重体系不变的条件下将其用作外墙，既是墙体材料又是保温材料，是目前同类体系中最经济的保温做法。

第二类为钢筋混凝土框架结构体系：

主要用作外墙以及内隔墙，可充分发挥加气混凝土制品质轻的优点，可被广泛应用在高层建筑的保温材料。鉴于国家对建筑保温节能要求的日益提高，加气混凝土应用建筑保温，无疑会对我国的建筑保温节能工作产生深远影响。在外保温体系中主要是用作墙体的外保温，其构造都通过了工程实践，可被广泛应用于其他材料的外保温，如砖墙、多孔砖、轻质砌块等产品砌体。加气混凝土用作墙体外保温是当前最经济的保温体系之一。

（四）工作成效

公司严格落实省、市、县关于建筑垃圾资源化再生利用的有关指示精神，宁晋县政府和城管局对此项工作高度重视并在政策扶持、手续办理等方面提供了很大的帮助，对加快公司建筑垃圾再生利用产业发展、全面实现建筑垃圾处理减量化、资源化、无害化的目标给予了有力保障。

公司2022年为宁晋县颐和明郡项目（图10）提供蒸压砌块5.2万m^3；为燕南公馆项目（图11）提供蒸压砌块4.8万m^3；为天一府一期项目（图12）提供蒸压砌块5.8万m^3；2023年为宁晋县邢台新能源职业学院项目（图13）等提供蒸压砌块6.5万m^3。

图10　颐和明郡项目

图11　燕南公馆项目

图12　天一府一期项目

图13　邢台新能源职业学院项目

（五）经验启示

1. 通过宁晋县政府和城管局的政策扶持，鼓励引导，公司积极参与到建筑垃圾资源化再生利用项目建设中，在短时间内完成建设并投入生产运营。公司在项目选址时选定生活垃圾焚烧发电厂西邻，充分利用了发电厂产生的热能资源对建筑垃圾、电厂固废粉煤灰、石膏等资源进行再生利用，是以利废（利用建筑垃圾、发电厂粉煤灰、石膏等为原料，节约黏土资源）、节地（建筑垃圾、粉煤灰、石膏等长期堆存占用土地，再生利用后既节约占地，又减少制砖取土用地）、节能（蒸压砌块不需要焙烧，减少了煤的使用）和保护环境（建筑垃圾、粉煤灰、石膏经风吹雨淋、沉降，污染大气、地下水，破坏生态）为主要特征，利用建筑垃圾、固废等材料生产新型蒸压砌块墙体材料项目，可化害为利，变废为宝，利在当代，功在千秋。

2. 蒸压加气混凝土砌块是目前用量较大的保温隔热墙体材料，由于其大量生产导致原材料有所枯竭，将建筑垃圾用于蒸压加气混凝土砌块的制备，一方面可以使建筑废弃物实现再生，转化成为具有较高经济、社会和环境效益的产品，节约材料的制造成本；另一方面能减少其对土地资源和自然资源的过度开采与利用，是贯彻"低碳城市"和"无废城市"理念的有效途径之一，具有巨大的潜力和广阔的前景。

三、建筑垃圾再生利用案例——中基新能源建筑垃圾资源化处置再利用项目

（一）案例简介

近年来，沙河市及其周边的工程建设已进入高峰期，建设工程逐年增长，工程建设过程中产生的建筑垃圾也大幅增加。仅城区改造、开挖渣土等产生的建筑垃圾每年可达 300 万 m^3。之前大多建筑开发商采取的处理方法是垃圾场填埋或露天堆弃方式，不仅占用了大量的土地资源，而且引发环境污染、水土流失等问题，并且这些废物并没有得到有效的开发和利用。

为推动沙河市建筑垃圾的处置和资源化利用，沙河市中基新能源有限公司"生活垃圾焚烧发电炉渣再利用项目"由十里亭镇政府和沙河城管局共同呈报市政府，经各行政主管部门审批，公司陆续办理了规划、立项、环评、开工证等相应手续，于 2021 年 8 月建成投产。项目占地 53280m^2，建有全封闭生产车间、原料库、中间仓库、成品库、办公及附属设施等，总建筑面积 26040m^2。购置破碎机、磁选机、跳汰机、摇床、涡电流选铝机、压滤机等设备。

沙河市城管局与公司结合沙河市拆除产生的建筑垃圾数量，将已产生的建筑

垃圾转移至公司封闭建筑垃圾车间堆放,并使用筛选、破碎、磁选、分离等工艺流程对建筑垃圾进行处置,由此产生的建筑垃圾资源化再生产品优先在市政项目中使用。为抑制扬尘,公司建设了专门的封闭车间,保证了建筑垃圾资源化处置过程中的封闭作业,达到了环保要求。

另外公司还将生活垃圾、焚烧发电厂的焚烧炉炉渣作为原料,通过电厂的密闭运输车运至公司厂内原料库,为避免炉渣在堆放和上料过程中产生粉尘,在原料库设有喷淋装置,定时对原料进行洒水,保持原料湿度。借助上料筛选、一级破碎、一级磁选、二级破碎、二级磁选、浮力重选、分筛、涡电流分选、分离等工艺流程对炉渣进行处置,生产再生产品(图1~图3)。

图1 公司风貌

图2 建筑垃圾原料堆放　　图3 建筑垃圾材料出库

(二)主要做法

1. 建筑垃圾加工水泥稳定碎石材料

水泥稳定碎石材料是一种路面基层材料,由水泥、矿渣粉、石灰、黄砂、碎石等材料和适量的水拌和而成,通过混合、铺摊、压实等工艺制成的耐水、抗压、耐磨的路面基层材料。水泥稳定碎石材料一般被广泛用于道路、桥梁、机场跑道等路面建设中,具有成本低、施工快、使用寿命长等特点。

建筑垃圾经破碎分选成粗骨料、石粉或再生砂,分选后其骨料粒径从小到大分为0.5cm、1.2cm和1.3cm三种类型。水泥稳定碎石材料生产根据施工要求,按照0.5cm骨料、1.2cm骨料、1.3cm骨料、石粉比例1∶1∶1∶1.3进行配比、同时加入5%水泥（根据用户需求适当调节），采用集中搅拌工艺进行生产，混合料由自卸运输车运输至施工现场，采用摊铺机摊铺、专业压路机碾压，形成水泥稳定再生碎石基层（图4、图5）。

图4 水泥稳定碎石取芯　　　　　图5 水泥稳定碎石摊铺

2. 炉渣加工处理

炉渣加工处理方法为：

（1）将炉渣中未燃尽的垃圾及废金属成分，通过加工处理与砂分离，分离后销往有资质的回收企业（图6）。

图6 炉渣原料及生产线

(2)将分离后的再生砂(自制砂)用于制砖或水泥稳定碎石产品原料。将未燃尽的可燃炉渣(约占所有炉渣含量4‰)送往电厂再次焚烧发电。

(3)废金属回收,生活垃圾焚烧炉渣中含有各类金属,因处置不当或分拣不清时极易造成"二次污染",成熟的炉渣资源化工艺可通过物理方法回收炉渣。

各类金属经分类后组织销往各对口单位,保证了废旧金属流通环节闭合,炉渣经处理后金属物质去除率大于99%,有效实现了炉渣回收处理分选再生砂的目标,分选出的再生砂用于新型环保建材,作为制砖或水泥稳定碎石材料原料(图7)。

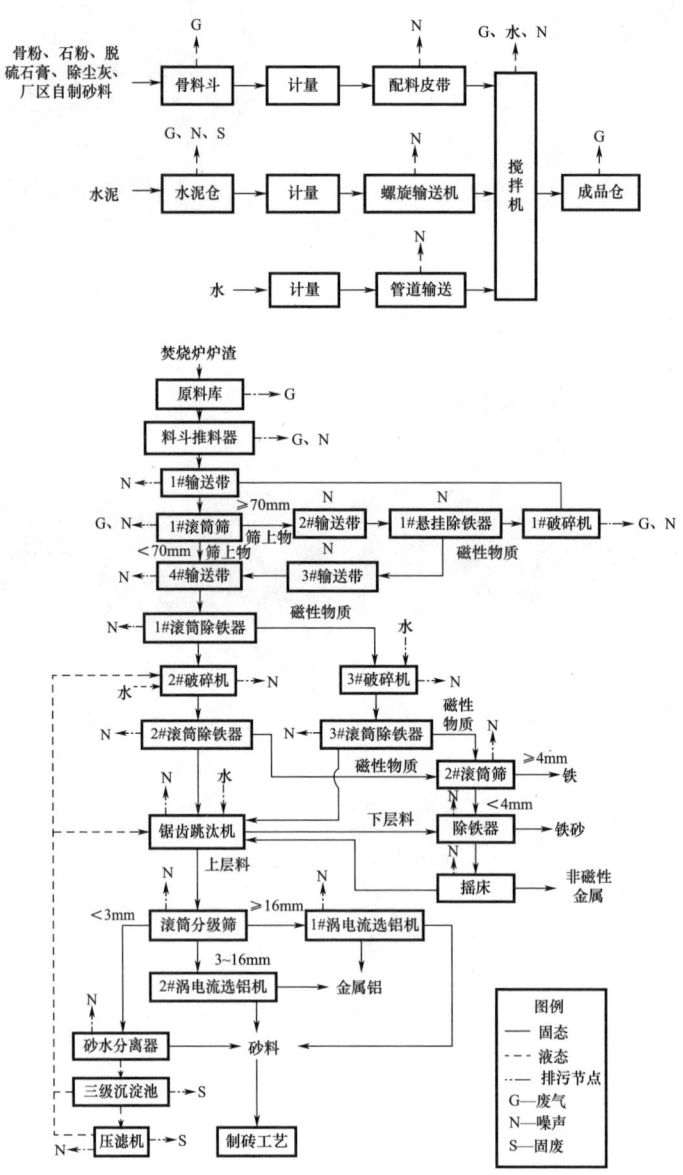

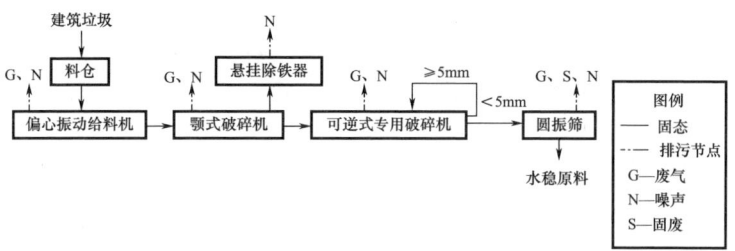

图 7　炉渣处置工艺流程图

（三）工作成效

1. 社会效益

2023 年第二季度，公司已处置建筑垃圾和炉渣超 2 万 t，资源化利用率达到 96% 以上，与邢台路桥公司、冀中能源公司的多个项目达成合作。所产生的水泥稳定碎石材料和延伸产品已被用于沙河市纬三路修路、沙河市南环修路、邢台市园博园、邢台市金牛阳光苑、邢台市纺织厂、邢台新兴东大街等项目中（图 8）。

图 8　水稳摊铺

公司项目的推动将有助于解决沙河市建筑垃圾乱堆乱放、私拉乱运的问题，实现建筑垃圾减量化、无害化、资源化和产业化发展。

2. 经济效益

在经济效益方面，建筑垃圾及炉渣经过破碎加工之后，可以制成各式各样的实心砖、空心砖和水泥稳定碎石拌和料等，既美观又环保。因此，产品深受城市修路工程、市政工程等工程客户的青睐。其产品不仅节省了建材行业对建筑原料的投资成本，而且使建筑垃圾处理企业获得较大的经济效益。

3. 环境效益

在环境效益方面，回收利用建筑垃圾将产生很大的环境效益。一是降低建筑垃圾堆放造成的土地占用，对保护现有耕地面积具有深远的意义；二是缓解河道枯竭，建筑垃圾资源化的再生砂可以替代天然砂石作为基础建设的原料，可减少大量的天然砂石资源的开采，对缓解河道枯竭具有重要的作用；三是在很大程度上降低建筑垃圾对土壤、空气、水质等的污染，通过再生利用建筑垃圾，降低污染物排放量，可有效提高环境质量，解决环境污染和垃圾围城等问题，改善城市市容环境面貌，促进生态文明建设，改善人居品质。

（四）经验启示

通过炉渣处理线和水泥稳定碎石生产线的建设和运营，我们获得了宝贵的经验教训和启示。

首先，炉渣处理线的选择和建设需要充分考虑环保和资源再利用的因素，确保生产线的稳定性和可靠性，提高废旧金属的回收率和再利用率。同时，水泥稳定碎石生产线的规划和设计也需要注重环保和节约资源的原则，利用再生骨料等原料进行生产，提高产品的质量和生产效率。

其次，科学、合理的生产线管理和维护是保证生产线正常运行和产品质量的关键。企业需要加强技术培训和设备维护，确保生产线的顺畅运行，提高产品的质量和市场竞争力。

最后，加强与政府部门和相关机构的沟通与合作，可以更好地获得政策支持和市场机会，促进企业的发展。同时，企业也需要关注市场变化和客户需求，不断调整和完善生产线，以适应市场的发展和变化。

通过以上经验启示，我们深刻认识到环保和资源再利用的重要性，将继续加强生产线建设和管理，提高产品质量和生产效率，为企业的发展贡献力量。同时，我们也希望与更多企业和机构合作，共同推动环保事业的发展，为建设美好的家园做出贡献。

四、建筑垃圾再生利用案例——保定市绿生环境科技有限公司循环经济综合利用项目

（一）案例简介

保定市绿生环境科技有限公司成立于2018年2月，注册资本金10000万元，注册地为保定市清苑区。公司长期专注城市建筑垃圾的减量化、资源化、无害化处置及循环利用，现有专利11项，取得了质量管理体系、环境管理体系、职业健康安全管理体系认证。现为河北省科技型中小企业、高新技术企业、专精特新企业、创新性中小企业，是中国城市环境卫生协会团体会员单位和建筑垃圾管理与资源化工作委员会委员单位，与河北大学签署了产学研合作协议，共同进行建筑垃圾资源化循环利用相关合作研究的同时，在项目所在地设立了"河北大学技术转移产学研工作站"及"河北大学建筑工程学院—绿生环境产学研共建基地"（图1）。

图 1　专利证书

项目总占地 203.3 亩（1 亩≈666.67m²），建设地点位于清苑区魏村镇西洪义村北，国道 107 线南侧，距离沧榆高速保定西站出口 1km，距离保定市中心 19km，建设地点地势平坦，地质、气象条件良好，地理位置优越，运距和选址满足建筑垃圾消纳处理经济性和符合性要求（图2）。

图 2　联合厂房

项目厂区已建成全封闭式钢结构料库、建筑垃圾粉碎、分拣车间 53000m²，内部建设有 100t 建筑垃圾破碎生产线、300t 道路垃圾破碎生产线、60t 制砂破碎生产线、10t 磨粉破碎生产线、全自动免烧结制砖生产线、再生商品混凝土生产线、热再生沥青混凝土生产线、冷再生水泥稳定碎石生产线共 8 条建筑垃圾资源化利用生产线（图3～图10）。

图3 制砖车间

图4 建筑垃圾破碎生产线

图5 制砂破碎生产线

图6 磨粉破碎生产线

图7 全自动免烧结制砖生产线

图8 再生商品混凝土生产线

图 9　热再生沥青混凝土生产线　　　　图 10　冷再生水泥稳定碎石生产线

公司成功实现了使用建筑垃圾和道路垃圾作为资源回收利用原料，生产资源回收利用产品包括商品混凝土、水泥稳定碎石、沥青混凝土、机制砂、石粉以及便道砖、预制小型构件等。具有年处置建筑垃圾 200 万 t、年产热再生沥青混合料 54 万 t、冷再生水泥稳定碎石混合料 90 万 t、商品混凝土 30 万 m^3、免烧结混凝土砖 30 万 m^3 的生产能力。产品在京雄高速公路、清苑区城市双修、雄安新区市政基础设施建设等工程中成功使用，公司具有规模化、产业化生产条件（图 11）。

图 11　再生混凝土砖部分产品

保定市综合行政执法局将保定市绿生环境科技有限公司列为保定市首家建筑垃圾资源化处置单位。清苑区行政执法局将绿生环境列为清苑主城区拆迁建筑垃圾定点消纳单位，清苑区住建局指定绿生环境所生产的便道砖、低强度等级商品混凝土、水泥稳定碎石、沥青混凝土等绿色建筑材料用于清苑区城市双修工程。

（二）建筑垃圾再生处理、再生利用技术路径

循环经济综合利用收纳的建筑垃圾分为砖混、混凝土块、铣刨料三大类，收纳的建筑垃圾在进入项目厂区后，按类别分流到不同料库分类存放，全部用于建筑垃圾再生利用。

砖混类和混凝土块两种建筑垃圾的再生处理方式大致相同，建筑垃圾原料投入配有水喷淋降尘系统的给料机，经颚式破碎机破碎后，进入磁选机选出其中如钢筋、角钢等金属杂质，经人工拣拾台分离其中的大块木料、橡胶等杂物后，由重型弛张筛除去混杂的渣土，再依次进入正压风选机和水浮选机，将塑料、泡沫、小木块等轻物质筛出的同时对原料进行脱尘处理，然后进入脱水振动筛进行脱水，再经磁选机进行二次磁选，经反击式破碎机进一步的破碎缩小粒径，由负压轻物质分离机脱出其中剩余杂质后，最终进入振动筛分机，通过多级振动筛得到不同粒径的再生骨料，用于再生利用生产（图12）。

图12 建筑垃圾资源化循环利用流程图

铣刨料的再生处理步骤较少，在原料入厂时根据铣刨料来源的不同路段进行分别存放，由项目自有实验室对每个来源路段的原料进行多次取样检验，得到原料的原始性能数据及配比数据，后将铣刨料依据不同来源路段及性能分别进行破碎、筛分，用于再生利用产品生产。

砖混类建筑垃圾经再生处理后得到的再生骨料可用于生产免烧结混凝土砖，如便道砖、透水砖、路缘石、劈裂砖挡土墙等，强度可达到40MPa，具有强度高、环保节能、经久耐用、外观美观等特点。

混凝土块类建筑垃圾经再生处理后得到的再生骨料可用于生产商品混凝土、水泥稳定碎石混合料、机制砂、石粉等建筑材料和道路材料，可广泛用于项目建设、道路铺设，在节能环保的同时，性能可达到天然材料同等水平。

铣刨料经再生处理后，可根据取样检测的数据加入新的沥青与骨料等原料生产沥青混凝土，热再生沥青混凝土摊铺碾压成型的沥青混凝土路面与完全使用新沥青混凝土的路面性能基本相同，能较好地恢复路面的承载能力，其施工质量标准不会因为使用了经再生处理铣刨料而降低。

（三）工作成效

公司已与河北大学合作启动保定市城区改造与雄安新区建筑垃圾指标体系与路用性能评价研究的产学研合作项目，计划在三年半内通过双方在技术、生产等层面的共同进步，为双方带来一份基于建筑垃圾的基本性能与评价研究报告、一份建筑垃圾筑路技术标准，以及完成 2～4 篇相关科技论文和培养 3～5 名硕士研究生。这些成果将有力地推动建筑垃圾的资源化综合利用与路用性能的提升，为环保事业和可持续发展做出新的贡献。

项目生产的建筑垃圾再生利用产品已被大量用于保定市清苑区旧城区改造城市双修工程、保定市老旧小区改造项目、京雄高速公路、雄安新区市政基础设施工程、清苑区体育公园、黄花沟生态设施综合提升、保定国家大学科技园科创分园二期、保定技师学院新校区建设等工程建设，获得了业主和市民的广泛好评。

目前正值保定市主城区老旧小区改造及保定市清苑区旧城区改造项目进行中，随之而来的是大量难以处理的建筑垃圾。该项目的建设为这些建筑垃圾找到新的出路，该项目为循环经济综合利用、为保定市建立健全绿色低碳循环发展经济体系做出了重大贡献。

（四）经验启示

1. 积极推动高等院校、科研机构、资源化利用企业深度合作，加快新技术、新工艺、新设备、新产品的科技创新。与河北大学签订合作书，共同开展保定市城区改造与雄安新区建筑垃圾指标体系与路用性能评价研究的产学研合作项目，合作围绕建筑垃圾评价方法、分类、分级与再生剂研制，建筑垃圾再生路面设计指标与方法研究，建筑垃圾再生路面试验段铺筑与长期性能观测三部分，推动建筑垃圾的资源化利用，助力环保领域蓬勃发展。通过产、学、研一体化合作，有望实现建筑垃圾资源化利用技术、研究等层面的进步，在合作中积极推动环保事业和可持续发展，为我国经济和环保事业发展注入新的活力。

2. 建筑垃圾分为砖混、混凝土块、铣刨料三大类，收纳的建筑垃圾在进入厂区后，应按类别分流到不同料库分类存放应用。砖混类建筑垃圾经再生处理后得到的再生骨料可用于生产免烧结混凝土砖，如便道砖、透水砖、路缘石、劈裂砖挡土墙等；混凝土块类建筑垃圾经再生处理后得到的再生骨料可用于生产商品混凝土、水泥稳定碎石混合料、机制砂、石粉等建筑材料和道路材料；铣刨料经再生处理后，可根据取样检测的数据加入新的沥青与骨料等原料生产沥青混凝土。